高职高专机电类专业"十三五"规划教材

电工实训与技能训练

主　编　郭稳涛　李　琼

副主编　马国文　武　蕾

西安电子科技大学出版社

内 容 简 介

　　本书是依据国家教育部最新颁布的教学指导要求编写的，内容组织采用项目单元形式。全书共分 7 个项目，内容分别是安全用电常识，常用电工工具、仪表及其使用，导线的连接与绝缘的恢复，照明电路的安装与维修，焊接工艺与操作，继电-接触器基本控制电路的安装与维修，机床电气控制电路的检测与维修等。

　　本书不仅可作为高职高专电类专业的实践、实训教材，也可作为职工培训教材和工科类专业的学习参考书。

图书在版编目(CIP)数据

电工实训与技能训练/郭稳涛，李琼主编. —西安：西安电子科技大学出版社，2018.8
ISBN 978-7-5606-5070-8

Ⅰ. ① 电… Ⅱ. ① 郭… ② 李… Ⅲ. ① 电工技术 Ⅳ. ① TM

中国版本图书馆 CIP 数据核字(2018)第 191445 号

策划编辑　杨丕勇　　秦志峰
责任编辑　秦志峰
出版发行　西安电子科技大学出版社(西安市太白南路 2 号)
电　　话　(029)88242885　88201467　　　邮　　编　710071
网　　址　www.xduph.com　　　　　　电子邮箱　xdupfxb001@163.com
经　　销　新华书店
印刷单位　陕西华沐印刷科技有限责任公司
版　　次　2018 年 8 月第 1 版　　2018 年 8 月第 1 次印刷
开　　本　787 毫米×960 毫米　1/16　印　张　12
字　　数　239 千字
印　　数　1～3000 册
定　　价　32.00 元

ISBN 978-7-5606-5070-8/TM

XDUP 5372001-1

如有印装问题可调换

前　　言

　　随着工业技术和家用电器制造技术的发展，电气系统已经渗透到经济和生活的每个角落，电气维修工作量日益扩大。为了使广大学生能够熟悉对电气设备检修维护人员技术水平和操作能力的要求，我们从目前高职院校学生的实际出发，以任务为引领，以企业生产为主线，结合国家颁布发行的有关技术标准、职业标准和行业规范，以及对操作、检修、维护人员的实际要求编写了本书。

　　本书坚持以能力为本位，重视实践能力的培养。根据电类专业毕业生所从事职业的实际需要，合理确定学生应具备的能力结构与知识结构，准确把握教材的深度、难度，同时，进一步加强实践性教学内容，以满足企业对技能型人才的需求。

　　本书在内容组织上以项目教学的形式紧扣高职高专学生的实际情况，具有深入浅出、通俗易懂、操作性强的特点。另外，书中尽可能多地充实了新知识、新技术、新设备和新材料等方面的内容，力求具有鲜明的时代特征。在全书的编写模式方面尽可能使用图片、实物照片或表格形式将各知识点生动地展示出来，力求给学生营造一个更加直观的认知环境。本书的这些安排，将有助于培养学生理论联系实际、严谨求实、团结协作的精神，有效地提高学生独立分析问题和解决问题的能力。

　　本书以任务驱动展开理论知识的学习，坚持理论教学紧密联系实际，为分析、解决现实问题服务，将理论与技能训练有机地结合起来，注重对学生的过程考核。本书共 7 个项目，内容分别为安全用电常识，常用电工工具、仪表及其使用，导线的连接与绝缘的恢复，照明电路的安装与维修，焊接工艺与操作、继电-接触器基本控制电路的安装与维修，机床电气控制电路的检测与维修。

　　本书由湖南机电职业技术学院郭稳涛、李琼担任主编并统稿。其中，马国文编写了项目一、项目二，郭稳涛编写了项目三、项目四，李琼编写了项目五、项目六，武蕾编写了项目七。在编写的过程中，其他专业老师也给予了不少建议，在此表示衷心的感谢。

　　由于编者编写水平有限，书中难免存在不足之处，敬请广大读者批评指正。

编　者
2018 年 6 月

目　　录

项目一　安全用电常识 1

　　任务 1　设备接地、接零装置的安装 1

　　任务 2　触电急救的训练 8

　　习题 13

项目二　常用电工工具、仪表及其使用 14

　　任务 1　常用电工工具的认识及其使用 14

　　任务 2　常用电工仪器仪表的认识及其使用 19

　　习题 35

项目三　导线的连接与绝缘的恢复 37

　　任务　导线连接与绝缘恢复的训练 37

　　习题 54

项目四　照明电路的安装与维修 55

　　任务 1　照明电路图的识读 55

　　任务 2　照明装置的安装和维修 62

　　任务 3　照明线路的敷设与安装 73

　　任务 4　计能装置的安装 81

　　习题 89

项目五　焊接工艺与操作 90

　　任务　电子元器件的焊接及拆焊训练 90

　　习题 101

项目六　继电-接触器基本控制电路的安装与维修 102

　　任务 1　点动控制电路的安装与维修 102

　　任务 2　单向连续运行控制电路的安装与维修 115

　　任务 3　正反转控制电路的安装与维修 121

　　任务 4　电动机行程控制线路的安装与维修 127

　　任务 5　电动机 Y-△减压启动电路的安装与维修 131

　　任务 6　反接制动控制电路的安装与维修 136

任务 7　接触器控制的双速电动机控制电路安装与维修 141

习题 144

项目七　机床电气控制电路的检测与维修 145

任务　机床电气故障的分析与检修 145

习题 185

参考文献 186

项目一　安全用电常识

电气安全是用电时要考虑的首要问题，主要包括人身安全和设备安全两大方面。本项目全面介绍了电气系统对人身安全和设备安全构成影响的主要因素，触电事故的种类、原因和形式；阐述了安全用电的基本常识，从原理、作用及实施的方式等方面对电气系统的接地、接零作了较为详细的分析和介绍。电气安全以预防为主，电气安全只有在严格、完善、可靠的制度措施和技术措施下才能得到有效的保证。安全用电是每个电工必须具备的技能。

本项目将训练学生在从事电工工作发生意外的情况下，能够在救护车赶来之前进行及时救护，这是从事电工工作的每个人都必须熟悉和掌握的技能。另外，在日常电工操作中，要掌握设备的正常接地和接零，会添加漏电保护，同时为了防止雷击，还要会安装避雷装置。

任务 1　设备接地、接零装置的安装

【任务引入】

在日常的电工操作中，设备的接地、接零及添加漏电保护装置，或者是为了防止雷击而设置避雷装置，都是从事电工工作必备的技能。

【学习目标】

1. **知识目标**
(1) 掌握人体触电常识。
(2) 了解触电原因，掌握预防措施。

2. **技能目标**
(1) 掌握电气设备接零和接地的连接方法。
(2) 培养分析问题与解决问题的能力。

【知识链接】

电能是现代工农业生产和人们日常生活的主要能源。能否提供安全、可靠、优质和经济的电能是衡量一个城市、一个地区乃至一个国家现代化程度的标志，如今电工技术在各行各业中得到愈来愈广泛的应用并占有十分重要的地位。因此，从事电类工作的人员，必须要懂得安全用电常识，避免触电事故的发生。电工的任务就是能正确使用电工工具和仪器仪表，并能对电气设备进行安装、调试和维修，保证电气设备的安全运行，以保障正常生活和生产用电。

1. 人体触电常识

人体是导体，当发生触电导致电流通过人体时，会使人体受到不同程度的伤害。由于触电的种类、方式及条件不同，受伤害的后果也不一样。

1）触电的种类和方式

（1）人体触电的种类。人体触电有电击和电伤两类。

① 电击。电击是指电流通过人体时所造成的内伤。它可造成发热、发麻、神经麻痹等，使肌肉抽搐、内部组织损伤，严重时将引起昏迷、窒息，甚至心脏停止跳动、血液循环终止而死亡。通常说的触电多是指电击，触电死亡中绝大部分系电击造成。

② 电伤。电伤是指电弧对人体外表造成的伤害，主要是由电弧在人体局部产生的热、光效应所造成的对人体的伤害。受电伤后，轻者皮肤灼伤，严重者灼伤面积大并可深达肌肉、骨骼。常见的电伤有灼伤、烙伤和皮肤金属化等，严重时电伤也可危及人的性命。

（2）人体触电方式。

① 单相触电。单相触电是常见的触电方式。人体的一部分接触带电体的同时，另一部分又与大地或中性线(零线)相接，使电流从带电体流经人体到大地(或中性线)形成回路，这种触电方式叫做单相触电，如图1-1所示。

② 两相触电。人体的不同部位同时接触两相电源带电体而引起的触电叫两相触电，如图1-1所示。对于这种情况，无论电网中性点是否接地，人体所承受的线电压将比单相触电时高，故危险性更大。

③ 跨步电压触电。当输电线出现断线故障，使其掉落到地上时，导致以此电线落点为圆心，使输电线周围地面产生一个相当大的电场，

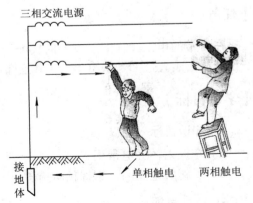

三相交流电源

接地体　　单相触电　　两相触电

图1-1　单相触电和两相触电

离圆心越近，电压越高，离圆心越远，电压越低。在距电线接地点 1 m 以内的范围，约有 68% 的电压降；在 2～10 m 的范围内，约有 24% 的电压降；在 11～20 m 的范围内，约有 8% 的电压降。所以，距离电线 20 m 外，对地电压基本为零。

当人走进距圆心 10 m 以内，双脚迈开时(约 0.8 m)，势必出现电位差，将此电位差称为跨步电压。电流从电位高的一脚流入，从电位低的一脚流出，电流流过人体而使人体触电。人体触及跨步电压而造成的触电，称为跨步电压触电，如图 1-2 所示。

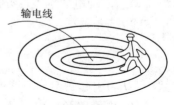

图 1-2 跨步电压触电

跨步电压触电时，电流仅通过人体两下肢，基本上不通过人体的重要器官，故一般不危及生命，但人体感觉相当明显。当跨步电压较高时，流过两下肢电流较大，易导致两下肢肌肉强烈收缩，此时若身体重心不稳，人将会极易跌倒而造成电流流过人体的重要器官(心脏等)，从而引起人身死亡事故。

④ 静电触电和感应电压触电。在停电的线路和电气设备上带有电荷，称为静电。带有静电的原因是各式各样的，如物体的摩擦带有电荷，电容器或电缆线路充电后切断电源仍残存电荷等。人体触及带有静电的设备会受到电击，导致伤害。停电后的电气设备或线路，受到附近有电设备或线路的感应而带电，称为感应电，人体触及带有感应电的设备也会受到电击。

2) 电流对人体的伤害

当电流通过人体时，会对人体产生热效应、化学效应以及刺激作用等生物效应，从而影响人体的功能，严重时可损伤人体，甚至危及人的生命。电流对人体伤害的严重程度与通过人体电流的大小、频率、通电时间、通过人体的路径及人体电阻的大小等多种因素有关。

(1) 电流大小。通过人体的电流越大，人体的反应就越明显，感应就越强烈，引起心室颤动所需的时间也越短，对人致命的危害就越大。对于工频交流电，按照通过人体电流的大小和人体所呈现的不同状态，大致可分为下列三种。

① 感觉电流。感觉电流是指引起人的感觉的最小电流。实验表明，一般成年男性的平均感觉电流为 1.1 mA，成年女性约为 0.7 mA。

② 摆脱电流。摆脱电流是指人体触电后能自主摆脱电源的最大电流。实验表明，一般成年男性的平均摆脱电流约为 16 mA，成年女性约为 10 mA。

③ 致命电流。致命电流是指在较短的时间内危及生命的最小电流。实验表明，一般情况下，当通过人体的电流达到 30～50 mA 时，中枢神经就会受到伤害，会使人感觉麻痹或呼吸困难；当通过人体的工频电流超过 100 mA 时，在极短的时间内人就会失去知觉而导致死亡。

(2) 频率。一般认为 40～60 Hz 的交流电对人体最危险。随着频率的增加，危险性将会降低，对人体的伤害程度也会减小。

(3) 通电时间。通电时间越长，人体电阻因多方面的原因会降低，而导致通过人体的电流增加，触电的危险性亦随之增加。引起触电危险的工频电流和通过电流的时间关系可用下式表示：

$$I = \frac{165}{\sqrt{t}}$$

式中，I 为引起触电危险的电流，单位为 mA；t 为通电时间，单位为 s。

(4) 电流路径。电流从左手到右脚通过胸部是最危险的电流路径，从手到手、从脚到脚是危险性较小的电流路径。

(5) 人体电阻。人体电阻包括内部组织电阻(称为体电阻)和皮肤电阻两部分。皮肤电阻主要由角质层决定，角质层越厚，电阻就越大。人体电阻平均约为 1700～2000 Ω(为保险起见，通常取 800～1000 Ω)。

影响人体电阻的因素很多，除皮肤厚薄外，皮肤潮湿、多汗、有损伤、带有导电性粉尘等因素都会降低人体电阻。

3) 安全电流和安全电压

(1) 安全电流。安全电流是人体触电后的最大摆脱电流。各国规定的安全电流值不完全一致，我国一般取 30 mA(50 Hz)为安全电流值，但是触电时间按不超过 1 s 计，故安全电流值也称为 30 mA·s。如果通过人体的电流达到 50 mA，则对人就有致命危险；如果达到 100 mA，则一般会致人死亡。因此将 50 mA 的电流称为危险电流，100 mA 的电流称为致命电流。

(2) 安全电压。安全电压是指不使人直接致死或致残的电压。我国有关标准规定，12 V、24 V 和 36 V 三个电压等级为安全电压级别，不同场所所选用的安全电压等级不同。

在湿度大、狭窄、行动不便、周围有大面积接地导体的场所(如金属容器内、矿井内、隧道内等)使用的手提照明灯，应采用 12 V 的安全电压。

凡手提照明器具、在危险环境或高危险环境的局部照明灯、高度不足 2.5 m 的一般照明灯、携带式电动工具等，若无特殊的安全防护装置或安全措施，均应采用 24 V 或 36 V 的安全电压。

2. 触电原因及预防措施

触电包括直接触电和间接触电两种。直接触电是指人体直接接触或过分接近带电体而触电。间接触电是指人体触及正常时不带电、只在发生故障时才带电的金属导体。

1) 触电的主要原因

触电的场合不同，引起触电的原因也不同。据有关统计资料分析，用电过程中触电的主要原因依次是：私拉乱接，缺乏用电常识，违章作业，设备失修，设备安装不合格等。

2) 触电的预防措施

(1) 直接触电的预防措施：

① 绝缘措施。绝缘措施是指用绝缘材料将带电体封闭起来的措施。良好的绝缘是保证电气设备和线路正常运行的必要条件，是防止触电事故发生的重要措施。

② 屏护措施。屏护措施是指采用屏护装置将带电体与外界隔绝开来，以杜绝不安全因素的措施。常用的屏护装置有遮栏、护罩、护盖、栅栏等。如常用电器的绝缘外壳、金属网罩、金属外壳，以及变压器的遮栏、栅栏等都属于屏护装置。凡是金属材料制作的屏护装置，均应妥善接地或接零。

③ 安全间距措施。为防止发生人身触电事故和设备短路或接地故障，带电体之间、带电体与地面之间、带电体与其他设备之间、工作人员与带电体之间均应保持一定的安全间距。安全间距的大小取决于电压的高低、设备的类型、安装的方式等因素。如导线与建筑物最小距离可见表 1-1 所示。

表 1-1　导线与建筑物最小距离

线路电压/kV	<1	10	35
垂直距离/m	2.5	3.0	4.0
水平距离/m	1.0	1.5	3.0

(2) 间接触电的预防措施：

① 加强绝缘措施。对电气线路或设备采取双重绝缘，采用加强绝缘措施的线路或设备绝缘牢靠，难于损坏，即使工作绝缘损坏后，还有一层加强绝缘，不易发生带电金属导体裸露而造成间接触电。

② 自动断电措施。在带电线路或设备上发生触电事故或其他事故(短路、过载、欠压等)时，能自动切断电源而起保护作用。如漏电保护、过流保护、过压或欠压保护、短路保护、接零保护等均属自动断电措施。

(3) 保护接地与保护接零措施：

① 保护接地。保护接地简称接地，它是指在电源中性点不接地的供电系统中，将电气设备的金属外壳与埋入地下并且与大地接触良好的接地装置(接地体)进行可靠连接。若设备漏电，外壳和大地之间的电压将通过接地装置将电流导入大地。如果有人接触漏电设备外壳，因人体电阻 R_b 远大于接地装置对地电阻 R_e，故通过人体的电流非常微弱，从而消除

了触电危险。该保护接地原理如图 1-3 所示。

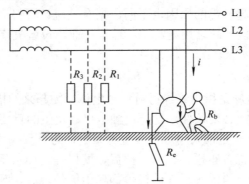

图 1-3　保护接地原理图

接地装置通常多用厚壁钢管或角钢。接地电阻应以小于 4 Ω 为宜。

② 保护接零。保护接零简称接零，它是指在电源中性点接地的供电系统中，将电气设备的金属外壳与电源零线(中性线)可靠连接，如图 1-4 所示。此时，当电气设备漏电致使其金属外壳带电时，设备外壳将与零线之间形成良好的电流通路。当有人接触设备金属外壳时，由于人体电阻 R_b 远大于设备外壳与零线之间的接触电阻 R_c，因此通过人体的电流必然很小，亦排除了触电危险。

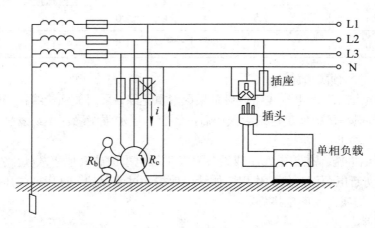

图 1-4　保护接零原理图

采用保护接零措施后，零线绝对不允许断开，所以技术上要求在零线上不允许安装开关和熔断器。为了确保安全，用户还应将零线与接地装置可靠连接，称为重复接地，且要求接地电阻不大于 10 Ω。万一零线开路，重复接地线将起到把漏电电流导入大地的作用。

【技能训练】

1. 技能训练器材

接地装置 1套；

三孔插座 1个；

三相四线插座 1个。

2. 技能训练内容及要求

按照"知识链接"部分介绍的内容进行以下实训项目：

(1) 正确安装设备的接地装置。

(2) 正确安装设备的接零装置和插座的接零装置。

(3) 安装避雷器。

最后整理实训操作结果，按照标准写出实训报告。

【技能考核评价】

本任务考核参照《中级维修电工国家职业技能鉴定考核标准》执行，评分标准如表 1-2 所示。

表 1-2 考核要求及评分标准

考核项目	考核内容	分 值	考核要求及评分标准	得 分
接地装置的安装	接地线安装、接地体安装	20分	按正确的连接方法安装	
接零装置的安装	设备及插座接零	20分	按正确的连接方法安装	
漏电保护器的安装及避雷器的安装	安装漏电保护器、避雷器	30分	能够正确安装漏电保护器，能够正确安装避雷器	
实训报告	按照报告要求完成、正确	10分	教师掌握	
安全文明意识	正确使用设备和工具，无操作不当引起的事故	10分	教师掌握	
团结协作精神	小组成员分工协作、积极参与	10分	教师掌握	
实际总得分		教师签字		

任务 2　触电急救的训练

【任务引入】

在从事电工工作发生意外时，如何进行急救是电工必备的技能。虽然大家都不愿意出现电气事故，但是一旦出了事故，一定要在救护车赶来之前进行及时救护，这是从事电工行业的每个人都必须熟悉和掌握的技巧。该任务训练需要使用心肺复苏人体模型来进行。

【学习目标】

1. 知识目标
了解触电急救常识。

2. 技能目标
掌握触电急救的方法，并能熟练操作。

【知识链接】

在电气操作和日常用电中，如果采取了有效的预防措施，则会大幅度减少触电事故，但要绝对避免事故是不可能的，所以我们必须做好触电急救的思想准备和技术准备。

1. 触电的现场抢救措施

1) 使触电者尽快脱离电源

发现有人触电，最关键、最首要的措施是使触电者尽快脱离电源。因为只有触电者脱离电源，才能终止电流对人体的伤害，并对触电者实施抢救。在触电现场经常采用以下几种急救方法。

(1) 若电源开关或插头就在附近，应立即将电源开关或插头断开。

(2) 若附近找不到电源开关或插头，应用带绝缘手柄的电工钳，或用有干燥木柄的器具，如斧头、菜刀等切断电线，断开电源。

(3) 当电线落在触电者身上，或被触电者压在身下时，可用干燥的衣服、绳索、木棍等绝缘材料作工具，拉开触电者，或挑开触电者身上的电线，使触电者脱离电源，如图 1-5、图 1-6 所示。

图 1-5　将触电者拉离电源

图 1-6　用木棍挑开电线

2) 确定触电者情况

(1) 确定触电者有无知觉。对触电者,应首先确定其是否有知觉,方法可采用呼其姓名、轻轻摇动触电者肩膀等,看其是否有反应。若没有反应,说明触电者可能处于没有呼吸或心脏停止跳动等情况,应进一步诊断。

(2) 确定触电者有无呼吸。用手指放在触电者的鼻孔处,感觉是否有气体流动,也可观察(或用手摸)胸部或腹部,看是否有上下起伏的呼吸动作,从而判断触电者有无呼吸,如图1-7所示。

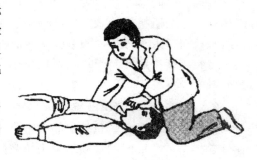

图 1-7　呼吸诊断

(3) 确定触电者有无心跳。触摸颈动脉的脉搏或在胸前听心声,判断触电者有无心跳,如图1-8所示。

(4) 确定触电者瞳孔是否放大。用大拇指和食指将触电者眼皮翻开,即可看到瞳孔,正常的瞳孔较小,而处于死亡边缘或已死亡者,瞳孔会自行放大。如图1-9所示。

确定触电者情况的诊断应力求快速。有无呼吸和有无心跳等检查应分别在 5 s 内完成。

图 1-8　心跳诊断

图 1-9　瞳孔的比较

3) 确定急救方案

经过简单诊断后的患者，可按不同情况分别处理。

(1) 若患者神志清醒，但感到乏力、头昏、心悸、出冷汗，甚至有恶心或呕吐现象，应让其就地安静休息，以减轻心脏负荷，加快恢复；当情况严重时，应小心送往医疗部门，请医务人员检查治疗，在送往医疗部门的路途中，需严密观察患者，以免发生意外。

(2) 若患者呼吸、心跳尚存在，但神志不清，应使其仰卧，保持周围空气流通，注意保暖，并且立即通知医疗部门，或用担架将患者送往医院，请医务人员抢救。与此同时还要严密观察，做好人工呼吸和体外心脏挤压急救的准备工作，一旦患者出现"假死"情况，应立即进行抢救。

(3) 假如检查发现患者已处于"假死"状态，则应立即针对不同类型的"假死"进行对症处理。若呼吸停止，则应用口对口人工呼吸法维持气体交换；若心脏停止跳动，则应用体外人工心脏挤压法来重新维持血液循环；若呼吸、心跳全停，则需同时施行体外心脏挤压和口对口人工呼吸，同时应立即向医疗部门告急求救。

抢救工作不能轻易中止，即使在送往医院的途中，也必须继续进行抢救，边送边救直至心跳呼吸恢复为止。

2. 触电急救方法及注意事项

对触电人员进行紧急救护的关键是在现场采取积极和正确的措施，以减轻触电人员的伤情和痛苦，争取时间尽最大努力抢救生命，完全有可能使因触电而呈"假死"状态的人员获救，反之，任何拖延和操作失误都有可能带来不可弥补的后果。下面介绍几种常见的急救方法。

1) 人工呼吸法

让触电人员脱离电源后，应让其仰卧，并将上衣和裤带放松，排除妨碍呼吸的因素，迅速鉴定是否有知觉、心跳、呼吸和脉搏，然后对症就地抢救。对没有呼吸的触电者应采取人工呼吸法。人工呼吸法有俯卧压背法、仰卧压胸法，以及口对口吹气法，而其中的口对口吹气法换气量最大，效果最好。下面简单介绍口对口吹气法。

首先应先打开触电者呼吸道，即迅速解开触电者的衣服、裤带、胸罩、围巾等，使其胸部能自由扩张，让触电者仰卧，先将其头侧向一边，取出口腔中的血块、假牙或其他异物，然后将其头翻转，用一只手托在触电者颈后，使头部充分后仰，鼻孔朝天，让其呼吸道畅通，如图 1-10 所示。用另一只手的拇指和食指堵住或捏住触电者的鼻孔，使之不漏气。救护人员做深呼吸后紧贴触电者的嘴巴，对他大口吹气，同时观察触电者胸部，一般应使其胸部略有起伏，如图 1-11 所示。当救护

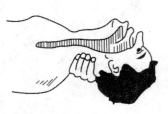

图 1-10　打开呼吸道

人员吹气至需要换气时，应立即离开触电者的嘴巴，松开触电者的鼻子，使其自由排气，这时也应注意触电者胸部，看其复原情况并倾听鼻处有无呼气声，从而了解呼吸道是否堵塞，如图 1-12 所示。上述的吹气、换气要反复进行，一般吹气约 2 s，呼气约 3 s，大约 5 s 一个循环。

图 1-11　吹气姿势

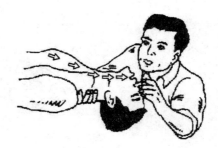
图 1-12　换气

2) 体外心脏挤压法

若确诊触电者心跳停止，应立即对触电者实施体外心脏挤压法，借人工对心脏的挤压和放松，造成与心跳相同的血液循环。

实施心脏挤压法同样须让触电者仰卧，解开衣服、裤带，并清除口腔内的异物。抢救者跪在触电者一侧或骑跪在其腰部两侧，两手掌相叠如图 1-13 所示，手掌根部放在胸窝上方、胸骨下方 1/3～1/2 处，如图 1-14 所示，掌根用力垂直向下压迫，使胸部下陷 3～4 cm。压迫到位后，掌根迅速放松，使触电者胸部自然复位，此时血液回流，并充满心脏。挤压频率最好是每分钟 120 次，如体力不支，可适当降低频率，但绝对不能低于每分钟 60 次。

图 1-13　两手掌相叠姿势

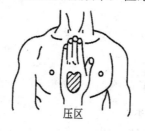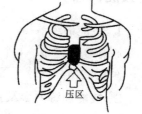
图 1-14　压区

3) 心肺同时复苏

如果触电者伤势严重，在失去知觉的同时，心跳、呼吸全部停止，则应同时对其进行人工呼吸和体外心脏挤压法。若只有一个人在场抢救，则应人工呼吸和体外心脏挤压法交替进行。方法为先快速口对口呼吸 4 次，后心脏挤压 15 次，再口对口呼吸 2 次，再心脏挤压 15 次，如此反复进行。如果有两个人在场抢救，则一人负责心脏挤压，一人负责人工呼吸。具体步骤为一人做5～10次心脏挤压，另一人吹一口气吹气频率为12～16次/min，同时或交替进行。但要注意正吹气时避免做心脏挤压的压下动作，以免影响胸廓的起伏，如图1-15所示。

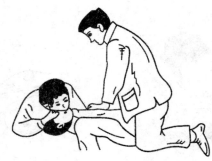

图1-15　两人同时抢救

4) 注意事项

(1) 在使触电者脱离电源时，不能直接用手接触其皮肤，防止自身触电。

(2) 在触电事故发生后，急救要尽快进行，不能耽搁，更不能等待医生的到来。因为触电后1 min内开始抢救，救治良好率可达90%；触电后6 min开始抢救，救治良好率只有10%；触电后12 min开始抢救，救治良好率几乎为零。

(3) 救护人员要坚持不懈地进行抢救，切不可随意终止，因为曾有过连续抢救4 h成功的先例。即使在送往医院的途中，抢救工作也不可停止。

【技能训练】

1. 技能训练器材

心肺复苏模型　1个；

医用酒精和棉球　若干。

2. 技能训练内容及要求

(1) 教师在心肺复苏人体模型(若没有人体模型，可直接在人体上进行)演示两种急救方法的操作步骤。

(2) 将学生分成两人一组，相互进行两种方法的急救练习。

整理实训操作结果，按照标准写出实训报告。

【技能考核评价】

技能评分标准见表1-3。

表 1-3　考核要求及评分标准

考核项目	考核内容	分值	考核要求及评分标准	得分
口对口吹气法	姿势是否正确	20 分	按正确姿势进行口对口吹气训练	
体外心脏挤压法	心脏挤压部位是否正确	20 分	部位正确，力度合适	
心肺同时复苏法	同时复苏的配合度	30 分	是否能够配合，并姿势正确	
实训报告	按照报告要求完成、正确	10 分	教师掌握	
安全文明意识	正确使用设备和工具，无操作不当引起的事故	10 分	教师掌握	
团结协作精神	小组成员分工协作、积极参与	10 分	教师掌握	
实际总得分			教师签字	

习　题

1. 简答题

(1) 发现有人触电，用哪些方法可使触电者尽快脱离电源？

(2) 常用的人工呼吸法有哪几种？采用人工呼吸时应注意什么？

(3) 胸外心脏挤压法在什么情况下使用？试简述其动作要领。

(4) 什么叫保护接地？

(5) 什么叫保护接零？

(6) 保护接地如何起到保护人身安全的作用？

2. 拓展训练题

(1) 学生可以在课外练习触电急救的姿势及力度。同时，在专业教师指导下，使用安全绝缘工具进行电工作业。

(2) 在专业教师指导下，找一个工厂电气设备进行设备接地和设备接零的安装，同时，在家里合适的地方安装避雷器，并在家中安装电源进线漏电保护开关。

项目二　常用电工工具、仪表及其使用

电工仪表和电工工具是电气安装、生产与维修工作的重要设备，熟悉和掌握这些电工仪表和工具的操作、使用方法是提高工作效率、保证电路性能和施工质量的重要条件，因此必须十分重视和掌握电工仪器、仪表和各种工具的正确使用方法。本项目着重介绍了通用电工工具和专用电工工具的性能、用途和使用方法。另外，还对在调试和维修电路时经常使用的电流表、电压表、钳形电流表、功率计、电桥、兆欧表、万用表、功率表、转速表等仪表的使用方法和注意事项进行了介绍。希望通过本项目的学习，能正确地了解和掌握各种电工仪表和工具的使用方法，为参加实验、实训和维修工作打下良好的基础。

任务 1　常用电工工具的认识及其使用

【任务引入】

电工工具是电气操作人员的基本工具，按其使用范围可分为通用电工工具与专用电工工具两大类。常用电工工具种类繁多、用途广泛，如电工刀、螺丝刀、钢丝钳等。电气工作人员在安装和维修各种供配电线路、电气设备及线路时，都离不开正确使用各种电工工具。

掌握常用电工工具的结构、性能、使用方法和规范操作，将直接影响工作效率和工作质量以及人身安全。

【学习目标】

1. **知识目标**

了解各种电工工具的结构及其使用方法。

2. **技能目标**

熟练掌握各种电工工具的使用方法。

【知识链接】

1．试电笔

试电笔又称低压验电器，是检验导线、电器是否带电的一种常用工具，它的检测范围是 50～500 V，有钢笔式、螺丝刀式等形式。试电笔由笔尖、降压电阻、氖管、弹簧、笔尾金属体等部分组成，如图 2-1 所示。

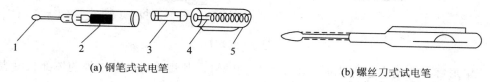

(a) 钢笔式试电笔　　　　　　　　(b) 螺丝刀式试电笔

1—笔尖；2—降压电阻；3—氖管；4—弹簧；5—笔尾金属体

图 2-1　试电笔

使用试电笔时，必须按照图 2-2 所示的握法操作。

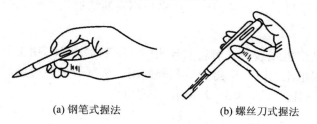

(a) 钢笔式握法　　　　　　　　(b) 螺丝刀式握法

图 2-2　试电笔的握法

使用时要注意手指必须接触笔尾的金属体(钢笔式)，或测电笔顶部的金属螺钉(螺丝刀式)。这样，只要带电体与大地之间的电位差超过 60 V 时，电笔中的氖泡就会发光。

低压验电器的使用方法和注意事项：

(1) 使用前，先要在有电的导体上检查电笔是否正常发光，以检验其可靠性。

(2) 在明亮的光线下往往不容易看清氖泡的辉光，应注意避光。

(3) 电笔的笔尖虽与螺丝刀形状相同，但它只能承受很小的扭矩，不能像螺丝刀那样使用，否则会损坏。

(4) 低压验电器可以用来区分相线和零线，氖泡发亮的是相线，不亮的是零线。低压验电器也可用来判别接地故障。如果在三相四线制电路中发生单相接地故障，用电笔测试中性线时，氖泡会发亮；在三相三线制线路中，用电笔测试三根相线，如果两相很亮，另一相不亮，则说明这相可能有接地故障。

(5) 低压验电器可用来判断电压的高低。氖泡越暗，则表明电压越低；氖泡越亮，则表明电压越高。

2．螺丝刀

螺丝刀又称起子，是用来紧固或拆卸带槽螺钉的常用工具。螺丝刀按头部形状的不同，可分为一字形和十字形两种，如图 2-3 所示。

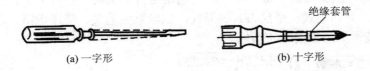

(a) 一字形　　　　　　　　　　(b) 十字形

图 2-3　螺丝刀

一字形螺丝刀用来紧固或拆卸带一字槽的螺钉，其规格用柄部以外的体部长度表示，电工常用的有 50 mm、100 mm、150 mm 等几种规格。

十字形螺丝刀是专供紧固或拆卸带十字槽螺钉的，其长度和十字头大小有多种。

另外，还有一种组合式螺丝刀，它配有多种规格的一字头和十字头，螺丝刀可以方便更换，具有较强的灵活性，适合紧固和拆卸多种不同的螺钉。

3．电工刀

电工刀是用来剖削电线线头、切割木台缺口、削制木榫的专用工具。电工刀的外形如图 2-4(a)所示。使用电工刀时，应将刀口朝外剖削。剖削导线绝缘层时，应使刀面与导线成 45°的锐角，以免割伤导线，如图 2-4(b)、(c)所示。

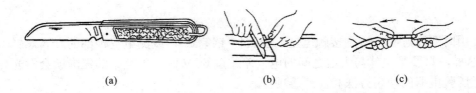

(a)　　　　　　　　　(b)　　　　　　　　　(c)

图 2-4　电工刀及其剖削导线绝缘层的方法

安全使用电工刀应注意以下几点：使用电工刀时应注意避免伤手；用毕电工刀，随即将刀身折进刀柄；电工刀刀柄是无绝缘保护的，不能在带电导线或器材上剖削，以免触电。

4．钢丝钳

电工钢丝钳由钳头和钳柄两部分组成，钳头由钳口、齿口、刀口和铡口四部分组成，如图 2-5(a)所示。钢丝钳的用途很多，钳口用来弯绞或钳夹导线线头；齿口用来紧固或起松螺母；刀口用来剪切电线或剖削导线绝缘层；铡口用来铡切电线线芯、钢丝或铅丝等较硬金属。其用途如图 2-5(b)～(e)所示。

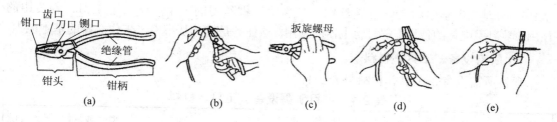

图 2-5　钢丝钳的结构与用途

使用电工钢丝钳的安全知识：使用电工钢丝钳之前，必须检查绝缘柄的绝缘是否完好。如果绝缘损坏时进行带电作业，将会发生触电事故。用电工钢丝钳剪切带电导线时，不得用刀口同时剪切相线和中性线，以免发生短路。

5. 尖嘴钳

尖嘴钳的头部尖细，适用于在狭小的工作空间操作。其外形如图 2-6(a)所示。尖嘴钳主要用于切断较细的导线、金属丝，还能夹持较小的螺钉、垫圈、导线等元件。

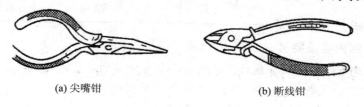

(a) 尖嘴钳　　　　　　　　(b) 断线钳

图 2-6　尖嘴钳和断线钳的外形

6. 断线钳

断线钳又称为斜口钳，外形如图 2-6(b)所示，断线钳是专供剪断较粗的金属丝、线材及电线、电缆等用。

7. 剥线钳

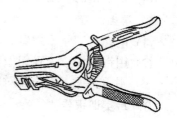

剥线钳用来剥削直径 3 mm 及以下绝缘导线的塑料或橡胶绝缘层，其外形如图 2-7 所示。它由钳口和手柄两部分组成。剥线钳钳口分有 0.5～3 mm 的多个直径切口，用于不同规格线芯的剥削。使用时应使切口与被剥削导线芯线直径相匹配，切口过大难以剥离绝缘层，切口过小会切断芯线。

图 2-7　剥线钳

【技能训练】

本任务是常用电工工具的使用，其中包括通用电工工具和专用电工工具的使用。在本任务的训练中学生将会学习钢丝钳、尖嘴钳、螺丝刀的使用；学习电工刀、剥线钳的使用；学习手电钻的使用；学习验电器的使用。该任务是培养从事电工工作必备的基本能力。

1. 所需设备、工具、材料

项目所需设备、工具、材料见表 2-1。

表 2-1　项目所需设备、工具、材料

名　　称	型号或规格	数　量	名　　称	型号或规格	数　量
木板		2块	木螺钉、废旧塑料单芯硬线		若干
钢丝钳、尖嘴钳、螺丝刀、电工刀、剥线钳、手电钻		各1把	电源插头，干燥木板		2个
电阻	(680 kΩ 1/2 W)	2只	塑料铜芯硬线	2.5 mm²	若干
单刀双掷开关		2只	氖管	可取自试电笔	1个

2. 技能训练内容及要求

1) 老师先演示以下项目，然后指导学生进行配电板的安装和测试

(1) 用螺丝刀紧木螺钉的方法。

(2) 用钢丝钳、尖嘴钳剪切、弯绞导线的方法。

(3) 用电工刀、剥线钳剥削、剖削导线的方法。

(4) 手电钻的使用方法。

2) 学生练习

(1) 用螺丝刀紧木螺钉。

(2) 用钢丝钳、尖嘴钳做剪切、弯绞导线练习。

(3) 用电工刀、剥线钳对废旧塑料单芯硬线做剖削和剥削导线练习。

3. 写实训报告

整理实训操作结果，按标准写出实训报告。

【技能考核评价】

本任务考核参照《中级维修电工国家职业技能鉴定考核标准》执行，评分标准见表 2-2 和表 2-3。

表 2-2　考核要求及评分标准表 1

考 核 内 容	分 值	评 分 标 准	扣 分	得 分
螺丝刀练习	30 分	(1) 使用方法不正确，扣 10 分 (2) 野蛮作业，扣 5 分		
钢丝钳、尖嘴钳做剪切、弯绞导线练习	30 分	(1) 握钳姿势不正确，扣 10 分 (2) 导线有钳伤，每处扣 3 分 (3) 多股导线剖断，每根扣 3 分		
电工刀、剥线钳剥削、剖削导线练习	30 分	(1) 使用方法不正确，扣 10 分 (2) 导线损伤，每处扣 3 分		
安全文明操作	10 分	(1) 工具摆放不整齐，扣 5 分 (2) 发生人身伤亡事故，扣 10 分		
工时：60 min			评分	

表 2-3　考核要求及评分标准表 2

考 核 内 容	分 值	评 分 标 准	扣 分	得 分
配电板的安装	50 分	(1) 安装配电板不美观，扣 10 分 (2) 野蛮作业，扣 5 分		
试电笔的测试	50 分	(1) 测试握笔姿势不正确，扣 10 分		
工时：30 min			评分	

任务 2　常用电工仪器仪表的认识及其使用

【任务引入】

在调试和维修电路时，经常会使用各种电工仪器仪表对不同物理量进行测量。本任务通过对各种不同电工仪器仪表的学习，使学生认识并能正确使用它。

【学习目标】

1. 知识目标
熟悉各种电工仪表的基本工作原理。

2. 技能目标
熟练掌握各种电工仪表的使用方法。

【知识链接】

1. 常用电工仪器仪表的一般知识

1) 电工仪表概述

电工测量是电工实验与实训中不可缺少的一个重要组成部分，它的主要任务是借助各种电工仪器仪表对电流、电压、电阻、电能、电功率等进行测量，以便了解和掌握电气设备的特性、运行情况，检查电气元器件的质量情况。由此可见，正确掌握电工仪器仪表的使用是十分必要的。

在电工技术中，测量的电量主要有电流、电压、电阻、电能、电功率和功率因数等，测量这些电量所用的仪器仪表统称为电工仪表。

2) 电工仪表的分类

电工仪表的种类繁多，分类方法也各有不同。按照电工仪表的结构和用途，大体上可以分为以下五类。

(1) 指示仪表类：直接从仪表指示的读数来确定被测量的大小。有安装式、可携式两种。

(2) 比较仪器类：需在测量过程中将被测量与某一标准量比较后才能确定其大小。如直流：电桥、电位差计、标准电阻箱；交流：交流电桥、标准电感、标准电容。

(3) 数字式仪表类：直接以数字形式显示测量结果。如数字万用表、数字频率计。

(4) 记录仪表和示波器类：如 X-Y 记录仪、示波器。

(5) 扩大量程装置和变换器：如分流器、附加电阻、电流互感器、电压互感器。

3) 指示仪表的分类

尽管电工仪表种类非常多，但指示仪表是应用最广和最常见的一种电工仪表。

指示仪表的特点是把被测量电量转换为驱动仪表可动部分的角位移，根据可动部分的指针在标尺刻度上的位置直接读出被测量的数值。指示仪表的优点是测量迅速，可直接读数。

常用指示类仪表又可以按以下七种方法来分类。

(1) 按仪表的工作原理分类，常用的有电磁式、电动式和磁电式，其他还有感应式、振动式、热电式、热线式、静电式、整流式、光电式和电解式等。

(2) 按测量对象的种类分类，有电流表、电压表、功率表、欧姆表、电度表等。

(3) 按被测电流种类分类，有直流仪表、交流仪表、交直流两用仪表。

(4) 按使用方式分类，有安装式仪表和可携式仪表。

安装式仪表固定安装在开关板或电气设备的板面上，这种仪表准确度较低，但过载能力较强，且造价低廉。

可携式仪表不作固定安装使用，有的可在室外使用(如万用表、兆欧表)，有的可在实验室内作精密测量和标准表用。这种仪表准确度较高，但过载能力较差，造价较昂贵。

(5) 按仪表的准确度分类，有 0.1、0.2、0.5、1.0、1.5、2.5、5.0 七个等级。仪表的级别表示仪表准确度的等级。所谓几级是指仪表测量时可能产生的误差占满刻度的百分之几。表示级别的数字愈小，说明其准确度越高。0.1 和 0.2 级表用作标准仪表和校验仪表；0.5、1.0、1.5 级仪表用于实验时测量；2.5、5.0 级仪表用于工程，一般装在配电盘和操作台上。

(6) 按使用环境条件分类，有 A、B、C 三组。

A 组：工作环境在 0～+40℃，相对湿度在 85%以下。

B 组：工作环境在 –20～+50℃，相对湿度在 85%以下。

C 组：工作环境在 –40～+60℃，相对湿度在 98%以下。

(7) 按对外界磁场的防御能力分类，有Ⅰ、Ⅱ、Ⅲ、Ⅳ四个等级。

4) 常用电工仪表的基本结构

常用电工仪表主要由外壳、标度尺和有关符号的面板、表头、电磁系统、指针、阻尼转轴、游丝、零位调节器等组成。

2．电工测量仪表的选择

电工测量仪表可根据以下几个方面来进行选择。

1) 类型

各种仪表的选择除了根据用途选择仪表的种类外，还应根据使用环境和测量条件来选择类型，如配电盘、开关板及仪表板上所用仪表等采用适合垂直安装的类型，而实验室大多使用适合水平放置的类型。

2) 准确度

在使用仪表时，测量仪表的准确度越高，其价格就越贵，因此在实际应用中须合理地选择仪表的准确度。

3) 量程

当使用同一只仪表时，选择量程的恰当与否也会影响测量的准确度。仪表量程的选择应根据测量值的可能范围来决定，被测量值范围较小时就要选用较小的量程，这样可以得到较高的准确度。通常选择量程时，应使读数占满刻度值的 2/3 以上为宜，至少也应使被测量值超过满刻度值的一半。当被测值无法估计时，要将多量程仪表先置于最大量程挡，然后根据仪表的指示调整量程，使其使用合适的量程挡。

3．钳形电流表

通常用电流表测量负载电流时，必须把电流表串联在电路中。当在施工现场需要临时检查电气设备的负载情况或线路流过的电流时，如果先把线路断开，然后再把电流表串联到电路中这样很不方便，若采用钳形电流表测量电流，就不必把线路断开，可以直接测量负载电流的大小。

钳形电流表是根据电流互感器的原理制成的，外形像钳子一样，如图 2-8 所示。测量时的导线从铁芯的缺口放入铁芯中央，这条导线就等于电流互感器的一次绕组，从表上就可以直接读数。

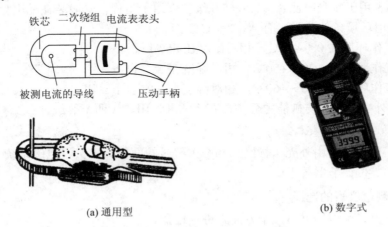

(a) 通用型   (b) 数字式

图 2-8　钳形电流表

使用钳形电流表的注意事项：

(1) 进行电流测量时，被测载流导线的位置应放在钳口中央，以免产生误差。如图 2-9(a) 所示。

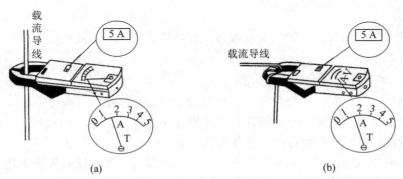

(a)   (b)

图 2-9　钳形电流表的使用方法

(2) 测量前应先估计被测电流或电压的大小，再选择合适的量程。或先选用较大量程测量，然后再视被测电流的大小，减小量程。

(3) 测量后一定要把调节开关放在最大电流量程，以免下次使用时，由于未经选择量程而造成仪表损坏。

(4) 测量小于 5 A 以下的电流时，为了得到较准确的读数，在条件许可时，可把导线多绕几圈放进钳口进行测量，但实际电流值应为读数除以放进钳口内的导线根数，如图 2-9(b) 所示。

4. 万用表

1) 万用表的组成

万用表是一种可测量多种电量的多量程便携式仪表。由于它具有测量种类多、测量范围宽、使用和携带方便、价格低廉等优点，常用来检验电源或仪器的好坏，检查线路的故障，判别元器件的好坏及数值等，因此应用十分广泛。如图 2-10 所示为 MF47 型万用表面板和表盘示意图。

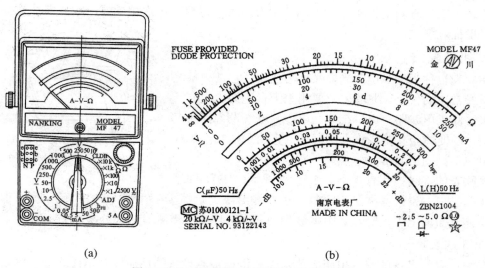

(a)   (b)

图 2-10 MF47 型万用表面板和表盘示意图

一般万用表都可以测量直流电流、直流电压、交流电压、电阻等，有的万用表还可以测量音频电平、交流电流、电容、电感以及晶体管的 β 值等。

万用表的基本原理是建立在欧姆定律和电阻串联、并联分流、分压规律的基础之上的。万用表主要由表头、转换开关、分流和分压电路、整流电路等组成。在测量不同的电量或使用不同的量程时，可通过转换开关进行切换。

万用表按指示方式不同，可分为指针式和数字式两种。指针式万用表的表头为磁电式电流表，数字式万用表的表头为数字电压表。在电工测量中，指针式万用表使用较广泛。

2) 使用万用表的注意事项

(1) 正确选择被测量电量的挡位，不能放错；禁止带电转换量程开关；切忌使用电流挡或电阻挡来测量电压。

(2) 在测量电流或电压时，如果对于被测量电流、电压大小无法估计时，应先选到最大量程，然后再换到合适的量程。

(3) 测量直流电压或直流电流时，必须注意其极性。万用表的正、负端应分别与电路的正、负端相接。

(4) 测量电流时，应特别注意要把电路断开，将万用表串接于电路之中。

(5) 测量电阻时不可带电测量，并要将被测电阻与电路断开。使用欧姆挡时，换挡要重新调零。

(6) 每次使用完毕后，应将转换开关拨到空挡或交流电压最高挡，以免造成仪表损坏。长期不使用时，应将万用表中的电池取出。

总之，在平时测量中应养成正确使用万用表的习惯，每次测量前，应习惯性检查表的挡位、量程。

5. 兆欧表

兆欧表也称为绝缘电阻表，又称为摇表，它是测量绝缘电阻最常用的仪表。兆欧表主要用来测量绝缘电阻。一般用来检测供电线路、电机绕组、电缆、电气设备等的绝缘电阻，以便检验其绝缘程度的好坏。它由手摇发电机和表头组成，如图 2-11 所示。

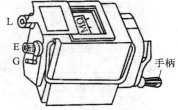

图 2-11　兆欧表外形图

兆欧表的接线柱共有 3 个："L"，即线端；"E"，即地端；"G"，即屏蔽端(也称保护环)。一般被测绝缘电阻都接在"L"和"E"端之间，但当被测绝缘体表面漏电严重时，必须将被测物和屏蔽环或不需测量的部分与 G 端相连接。

1) 兆欧表的选择

在测量电气设备的绝缘电阻之前，先要根据被测设备的性质以及电磁线圈、铁芯和电压等级来选择适当的兆欧表。

一般测量额定电压在 500 V 以下的设备时，选用 500～1000 V 的兆欧表；测量额定电压在 500 V 以上的设备时，选用 1000～2500 V 的兆欧表。测量高压设备的绝缘电阻，不能用额定电压 500 V 以下的兆欧表，因为这时测量结果不能反映工作电压下的绝缘电阻。同样不能用电压太高的兆欧表测量低压电气设备的绝缘电阻，否则会损坏设备的绝缘。

此外，兆欧表的测量范围也应与被测绝缘电阻的范围相吻合。一般应注意不要使其测量范围过多地超出所需测量的绝缘电阻值，以免使读数产生较大误差。当测量低压电气设备绝缘电阻时，可选用 0～200 MΩ 量程的表，测量高压电气设备或电缆时可选用

$0 \sim 2000 \ M\Omega$ 量程的表。

2) 使用前的检查

兆欧表在使用前要先进行一次开路和短路试验，检查兆欧表是否良好。

将 L、E 端开路，摇动手柄，如图 2-12(a)所示，指针应指在"∞"处；再将 L、E 端短接，摇动手柄，如图 2-12(b)所示，指针应指在"0"处，说明兆欧表是良好的，否则兆欧表是有误差的。

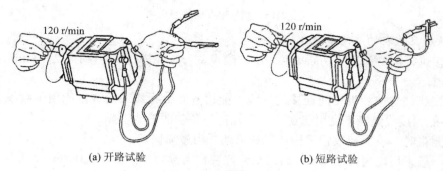

(a) 开路试验   (b) 短路试验

图 2-12　兆欧表的开路和短路试验

3) 兆欧表测量绝缘电阻

(1) 测量电动机的绝缘电阻时，将电动机绕组接于 L 端，机壳接于 E 端，如图 2-13 所示。

(2) 测量电动机的绕组间的绝缘性能时，将 L 端和 E 端分别接在电动机的两绕组间，如图 2-14 所示。

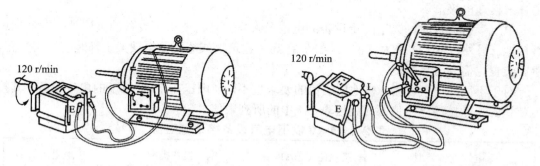

图 2-13　测量电动机的绝缘电阻　　　图 2-14　测量电动机的绕组间的绝缘电阻

(3) 测量电缆对电缆外壳的绝缘电阻，除将电缆芯接 L 端和电缆外壳接 E 端外，还需要将电缆壳与线芯之间的内层绝缘部分接到保护环 G 端，以消除表面漏电产生的误差，如图 2-15 所示。

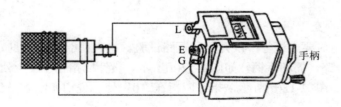

图 2-15 测量电缆的绝缘电阻

4) 使用兆欧表的注意事项

(1) 在进行测量前要先切断电源，将被测设备一定要进行放电(约需 2～3 min)，以保障设备自身安全。

(2) 接线柱与被测设备间连接的导线不能用双股绝缘线或绞线，应用单股线分开单独连接，不能因绞线绝缘不良引起误差，应保持设备表面清洁干燥。

(3) 测量时，表面应放置平稳，手柄摇动要由慢渐快。

(4) 一般采用均匀摇动 1 min 后的指针位置作为读数，一般为 120 r/min。测量中如发现指示为 0，则应停止转动手柄，以防表内线圈过热而烧坏。

(5) 在兆欧表转动尚未停下或被测设备未放电时，不可用手进行拆线，以免引起触电事故。

6. 接地电阻仪

1) 接地电阻及其要求

电气设备的任何部分与接地体之间的连接称为接地，与土壤直接接触的金属导体为接地体或接地电极。

电气设备运行时，为了防止设备漏电危及人身安全，要求将设备的金属外壳、框架进行接地。另外，为了防止大气雷电袭击，在高大建筑物或高压输电铁架上都装有避雷装置，避雷装置也需要可靠接地。

对于不同的电气设备，接地电阻值的要求也不同，电压在 1 kV 以下的电气设备，其接地装置的工频接地电阻值不应超过表 2-4 中的所列数值。

表 2-4 1 kV 以下电气设备接地电阻值

电气设备类型	接地电阻值/Ω	电气设备类型	接地电阻值/Ω
100 kVA 以上的变压器或发电机	≤4	100 kVA 以下的变压器或发电机	≤10
电压或电流互感器次级线圈	≤10	独立避雷针	≤25

电气设备接地是为了安全，如果接地电阻不符合要求，不但安全得不到保证，而且会造成安全假象，形成事故隐患。因此，电气设备的接地装置安装完毕，要对其接地电阻进行测量，检查接地电阻值是否符合要求。接地电阻测定仪又称接地电阻摇表，是测量和检查接地电阻的专用仪器。

2) 接地电阻测定仪的结构原理

接地电阻测定仪主要由手摇交流发电机、电流互感器、检流计和测量电路等组成，它是利用比较测量的原理工作的，结构原理如图 2-16 所示。图中 E 为被测的接地电极，P 和 C 分别为电位和电流的辅助电极，被测接地电阻 R_x 位于 E 和 P 之间，而不包括辅助电极 C 的接地电阻 R_c。

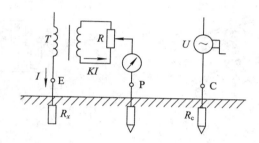

图 2-16 接地电阻测定仪的结构

交流发电机的输出电流 I，经电流互感器的一次绕组、接地电极 E、辅助电极 C 构成一个闭合回路，在接地电阻 R_x 上形成的压降为 $U_x = IR_x$，在辅助电极的接地电阻 R_c 上形成的压降为 $U_c = IR_c$。

电流互感器的次级绕组电流为 KI，其中 K 为互感器的变流比，该电流在电位器动触点下边的电阻 R 上产生的压降为 KIR，当检流计指示为零时，有 $IR_x = KIR$，由此可得 $R_x = KR$，可见，被测接地电极的接地电阻 R_x 与辅助电极的接地电阻 R_c 大小无关。

3) 接地电阻测定仪的使用

下面以常用的 ZC-8 型接地电阻测定仪为例说明其使用方法。ZC-8 型接地电阻测定仪的外形结构及电路如图 2-17 所示，测量使用步骤如下。

(1) 连接接地电极和辅助探针。先拆开接地干线与接地体的连接点，把电位辅助探针和电流辅助探针分别插在距接地体约 20 m 处的地下，两个辅助探针均垂直插入地面 400 mm 深，电位辅助探针应离近一些，两探针之间保持一定距离，然后用测量导线将它们分别接在 P、C 接线柱上，并把接地电极与 E 接线柱相接。

(2) 选择量程并调节测量度盘。在对检流计进行机械调零之后，先将量程开关置于"100 Ω"挡，然后再缓慢摇动发电机手柄，调节测量度盘，改变可动触点的位置，使检流计指针趋近于零。

若测量度盘读数小于 1，应将量程置于较小一挡重新测量。测量时须逐渐加快发电机的转速，使之达到 120 r/min，并调节测量度盘，以使检流计指针完全指零。

(3) 读取接地电阻数值。当检流计指针完全指零后，即可读数，接地电阻值 = 测量度盘数 × 量程值。

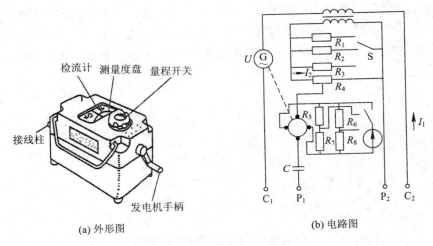

(a) 外形图   (b) 电路图

图 2-17   ZC-8 型接地电阻测定仪的外形及电路图

7．电度表

电度表又称瓦时计，它是计量电能的仪表，即能测量某一段时间内所消耗的电能。单相电度表的外形如图 2-18 所示。

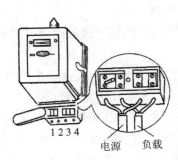

图 2-18   单相电度表的外形

电度表按用途可分为有功电度表和无功电度表两种，它们分别计量有功功率和无功功率。按结构可分为单相表和三相表两种。

1）电度表的结构

电度表的种类虽不同，但其结构是一样的。它由两部分组成：一部分是固定的电磁铁，另一部分是活动的铝盘。电度表由驱动元件、转动元件、制动元件、计数机构、支座和接线盒等部件组成。单相电度表的结构如图 2-19 所示。

（1）驱动元件。驱动元件有两个电磁元件，即电流元件和电压元件。转盘下面是电流线圈元件，它由铁芯及绕在它上面的电流线圈所组成。电流线圈匝数少，导线截面积大，它与用电器串联。转盘上面的部分是电压线圈元件，它由铁芯及绕在它上面的电压线圈所组成。电压线圈线径细，匝数多，它与照明线路的用电器并联。

（2）转动元件。转动元件是由铝制转盘及转轴组成的。

（3）制动元件。制动元件是一块永久磁铁，在转盘转动时产生制动力矩，使转盘转动的转速与用电器的功率大小成正比。

（4）计数机构。计数机构由蜗轮杆、齿轮机构组成，用于电功计量。

（5）支座。支座用于支承驱动元件、制动元件和计数机构等部件。

（6）接线盒。接线盒用于连接电度表内、外线路。

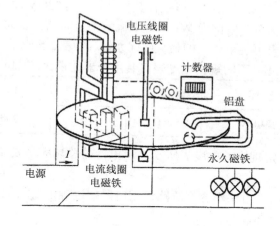

图 2-19　单相电度表的结构

2）电度表的工作原理

当通入交流电后，电压元件和电流元件的两种交变磁通穿过铝盘时，在铝盘内感应产生涡流，涡流与电磁铁的磁通相互作用，产生一个转动力矩，使铝盘转动。永久磁铁的作用是产生与转动方向相反的制动力矩，在一定的转动力矩作用下，可使铝盘以恒定的速度旋转。

铝盘的转动将通过蜗杆传送到齿轮上，使齿轮组成的机械计数机构进行计数工作。

3) 电度表的安装和使用要求

(1) 电度表应按设计装配图规定的位置进行安装。应注意不能安装在高温、潮湿、多尘及有腐蚀气体的地方。

(2) 电度表应安装在不易受震动的墙上或开关板上，墙面上的安装位置以不低于 1.8 m 为宜。这样不仅安全，而且也便于检查和抄表。

(3) 为了保证电度表工作的准确性，必须严格垂直装设。如有倾斜，会发生计数不准或停走等故障。

(4) 电度表的导线中间不应有接头。接线时接线盒内的螺钉应全部拧紧，不能松动，以免接触不良，引起接头发热而烧坏。配线应整齐美观，尽量避免交叉。

(5) 电度表在额定电压下，当电流线圈无电流通过时，铝盘的转动不超过 1 转，功率消耗不超过 1.5 W。根据实践，一般 5 A 的单相电度表每月耗电为 1 kW·h 左右。所以，每月电度表总需要补贴总电度表 1 kW·h 的电。

(6) 电度表装好后，开亮电灯，电度表的铝盘应从左向右转动。若铝盘从右向左转动，说明接线错误，应把相线(火线)的进出线调换一下。

(7) 单相电度表的选用必须与用电器总瓦数相适应。在 220 V 电压的情况下，根据公式 $P = I \cdot U$，(式中，P 为功率，单位为 W；I 为电流，单位为 A；U 为电压，单位为 V。)可以算出不同规格的电度表可装用电器的最大(总)功率，如表 2-5 所示。

表 2-5　不同规格电度表可装用电器的最大(总)功率

电度表的规格/A	3	5	10	25
电器最大(总)功率/kW	660	1100	2200	5500

一般来说，对于一定规格的电度表所安装用电器的总功率是表 2-5 中最大(总)功率的 1/3～1/4 最为适宜。

(8) 电度表在使用时，电路不容许短路及用电器超过额定值的 125%。注意电度表不要受撞击。

(9) 电度表不允许安装在 10%额定负载以下的电路中使用。

4) 电度表的接线

电度表是应用较广泛的一种仪表，因为不论是发电、供电、用电部门还是家庭，一般都要通过电度表来进行必要的经济核算和收付电费。

电度表能否正确运行，决定于制造、安装运行、维修等多方面的因素，而电度表的接线是否正确是一个非常重要的环节。电度表可分为单相电度表和三相电度表，它们的连接有直接接入或间接接入方式。下面分别介绍几种常用电度表的接线方式。

(1) 单相电度表。在低压小电流电路中，电度表可直接接在线路上，如图 2-20 所示。一般在电度表接线盒的背面都有具体接线图。

在低电压大电流线路中，若线路的负载电流超过电度表的量程，须经电流互感器将电流变小，即将瓦时计连接成间接式接在线路上，接线方法如图 2-21 所示。在结算用电量时，只要把电度表上的耗电数值乘以电流互感器的倍数就是实际耗电量。

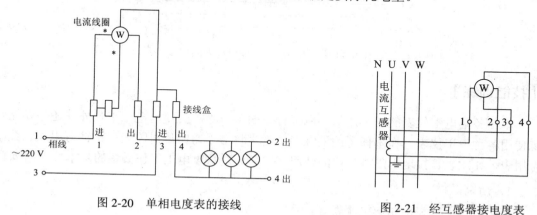

图 2-20　单相电度表的接线

图 2-21　经互感器接电度表

(2) 三相二元件电度表。直接接入式的接线方法如图 2-22 所示，经过电流互感器的接线方法如图 2-23 所示。

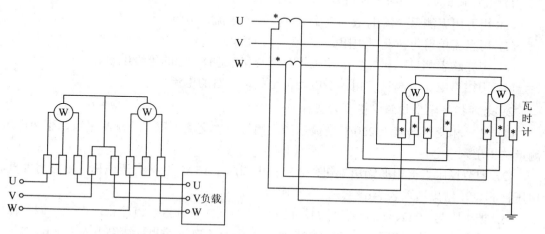

图 2-22　三相二元件电度表接线

图 2-23　三相二元件电度表经互感器的接线

(3) 三相三元件电度表。三相三元件电度表(用于三相四线制)直接接入的接线方法如图 2-24 所示。

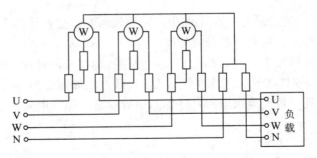

图 2-24 三相四线三元件电度表的接线

【技能训练】

本任务是电工仪表的使用，从事电工行业的工作除了会使用电工工具外，还需要能熟练使用各种电工仪表。在本任务的训练中，学生将会学习钳形电流表、指针万用表、数字万用表、兆欧表、接地电阻测定仪的使用。该任务是从事电工工作必备的基本技能训练。

1．所需器材

万用表、兆欧表、钳形电流表等。

2．技能训练内容及要求

1）老师提出本任务的实训内容

(1) 用万用表测量交流电压、直流电压、直流电流、电阻。

(2) 用直流单臂电桥测量电阻。

(3) 用兆欧表测量三相异步电动机相对相及相对地(外壳)的绝缘电阻。

(4) 用钳形电流表测量三相异步电动机空载运行时的电流。

2）老师指导学生按照以下步骤实训

(1) 把单相变压器接上 220 V 交流电源，用万用表交流电压挡分别测量原、副边电压。测量结果填入表 2-6 中。

(2) 调节稳压直流电源输出旋钮，分别输出 30 V、15 V、3 V 直流电压，用万用表直流电压挡测量，结果填入表 2-6 中。

(3) 把电阻为 10 Ω、220 Ω、1 kΩ、12 kΩ、150 kΩ 分别接于直流稳压电源，调节输出直流 3 V 电压，用万用表直流电流挡测量通过各电阻的电流，测量结果填入表 2-6 中。

(4) 用万用表电阻挡测量电阻，测量结果填入表 2-6 中。

(5) 用直流单臂电桥测量电阻，测量结果填入表 2-7 中。

(6) 把三相异步电动机接线盒打开，拆除各相绕组连接片，用兆欧表分别测量电动机三相绕组 U、V、W 之间的绝缘电阻，以及 U、V、W 相绕组对电动机外壳的绝缘电阻，测量结果填入表 2-7 中。

(7) 在老师指导下，连接该三相异步电动机绕组(Y 或△连接)，接通三相电源，用钳形电流表测量各线电流，测量结果填入表 2-7 中。

3) 注意事项

(1) 用万用表测量交、直流电压。在测量直流电流及电阻时，必须把转换开关拨到相应测量挡，否则会损坏万用表。测量交流 220 V 电压时要注意安全操作，不能用手接触表笔导电部分。测各电阻时，要注意换电阻挡时要重新调零。

(2) 由于兆欧表测量时输出为高压，因此在测量绝缘电阻时要注意安全。

3．写实训报告

整理实训操作结果，按标准写出实训报告。

实训考核项目如表 2-6 和表 2-7 所示。

表 2-6　万用表的使用练习

测量项目	测量内容	测量结果	测量项目	测量内容	测量结果
交流电压	交流 6 V		直流电压	直流 3 V	
	交流 36 V			直流 15 V	
	交流 220 V			直流 30 V	
电阻	10 Ω		直流电流 (各电阻接直流 3 V 电压时的电流)	接 10 Ω	
	220 Ω			接 220 Ω	
	1 kΩ			接 1 kΩ	
	12 kΩ			接 12 kΩ	
	150 kΩ			接 150 kΩ	

表 2-7　单臂电桥、兆欧表、钳形电流表使用练习

测量仪表	测量内容	测量结果
直流单臂电桥	电阻 10 Ω	
	电阻 220 Ω	
	电阻 1 kΩ	
	电阻 12 kΩ	
	电阻 150 kΩ	

测量仪表	测量内容	测量结果
兆欧表	U-V 相间绝缘电阻	
	V-W 相间绝缘电阻	
	W-U 相间绝缘电阻	
	U 相对外壳间绝缘电阻	
	V 相对外壳间绝缘电阻	
	W 相对外壳间绝缘电阻	
钳形电流表	L1 线电流	
	L2 线电流	
	L3 线电流	

【技能考核评价】

本任务考核参照《中级维修电工国家职业技能鉴定考核标准》执行，评分标准考核如表 2-8 所示。

表 2-8　考核内容及评分标准

考核内容	分 值	评 分 标 准	扣 分	得 分
万用表的使用	40 分	(1) 拨错测量挡，每项扣 10 分 (2) 读数错误，每次扣 5 分 (3) 测量结果误差大，每次扣 5 分		
直流单臂电桥的使用	20 分	(1) 选择比例臂有错误，每次扣 5 分 (2) 读数错误，每次扣 5 分		
兆欧表的使用	20 分	(1) 接线错误，每次扣 10 分 (2) 读数错误，每次扣 5 分		
钳形电流表的使用	20 分	读数误差大，每次扣 5 分		
安全文明操作		(1) 违反操作规程，每次扣 5 分 (2) 工作场地不整洁，扣 5 分		
工时：2 h			评分	

习　题

1. 问答题

(1) 使用低压验电器应注意什么?

(2) 怎样用电工刀剖削导线的绝缘层?

(3) 电工用钢丝钳各部分的作用是什么?

(4) 常用的扳手有哪几种? 螺丝刀有哪几种类型? 各有什么用途?

(5) 什么是仪表的准确度等级? 是否用准确度等级小的仪表测量一定较精确?

(6) 指针式万用表在测量前的准备工作有哪些? 用它测量电阻的注意事项有哪些?

(7) 用兆欧表测量绝缘电阻时, 如何与被测对象连接?

(8) 某正常工作的三相异步电动机额定电流为 10 A, 用钳形电流表测量时, 如钳入 1 根电源线钳形电流表读数多大? 如钳入 2 根或 3 根电源线呢?

(9) 用直流单臂电桥测电阻时, 用万用表粗测该电阻为 150 Ω。应如何选择合理的比例臂? 如何调比较臂电阻?

2. 拓展训练题

请根据以下低压试电笔的妙用进行拓展训练: 低压试电笔(测 220 V 的试电笔)除能测量物体是否带电外, 还能用于一些其他的辅助测量。

(1) 判断感应电。用一般试电笔测量较长的三相线路时, 即使三相交流电源缺一相, 也很难判断出是哪一根电源线缺相, 原因是线路较长, 并行的线与线之间有线间电容存在, 使得缺相的某一根导线产生感应电, 且电笔氖管发亮。此时可将试电笔的氖管并接一只 1500 pF 的小电容(耐压应取大于 250 V), 这样在测带电线路时, 电笔仍可照常发光; 如果测得的是感应电, 电笔就不能发光或微亮, 据此可判断出所测得电源是否为感应电。

(2) 判别交流电源同相或异相。两只手各持一支试电笔, 站在绝缘物体上, 把两支笔同时触及待测的两条导线, 如果两支试电笔的氖管均不太亮, 则表明两条导线是同相电; 若两支试电笔氖管发出很亮的光, 说明两条导线是异相。

(3) 区别交流电和直流电。交流电通过试电笔时, 氖管中两极会同时发亮; 而直流电通过时, 氖管里只有一个极发亮。

(4) 判别直流电的正、负极。把试电笔跨接在直流电的正、负极之间, 氖管发亮的一端是负极, 不发亮的一端是正极。

(5) 用试电笔测直流电是否接地, 并判断是正极还是负极接地。在要求对地绝缘的直流装置中, 人站在地上用试电笔接触直流电, 如果氖管发亮, 则说明直流电存在接地现象; 若氖管不发亮, 则说明不存在直流电接地。若试电笔尖端的一极发亮, 说明正极接地; 若手握笔端的一极发亮，则说明是负极接地。

(6) 用做零线监视器。把试电笔一头与零线相连接，另一头与地线连接，如果零线断路，氖管即发亮。

(7) 用做家用电器指示灯。把试电笔中的氖管与电阻取出，将两元件串联后接在家用电器电源线的火线与零线之间，当家用电器工作时，氖管即发亮。

(8) 判别物体是否有静电。手持试电笔在某物体周围寻测，若氖管发亮，则证明该物体上已有静电。

(9) 粗估电压。可根据自己经常使用的试电笔测电时氖管发光亮度的强弱来粗估电压的高低，电压越高，氖管越亮。

(10) 判断电气接触是否良好。若氖管光源闪烁，则表明某线头松动，将会产生接触不良或电压不稳定。

项目三　导线的连接与绝缘的恢复

本项目主要介绍电工材料中常用的绝缘材料、导电材料的种类及其用途、性能指标、规格及其选用方法；介绍各类导线的剖削方法及其接线方法，绝缘的恢复方法。通过本项目的学习，应对常用的电工材料有基本了解，掌握常用电工材料的选择方法，并熟练掌握各种常用导线的剖削、接线、绝缘的恢复等基本技能和方法。

任务　导线连接与绝缘恢复的训练

【任务引入】

在电气装修工程中，导线的连接和绝缘的恢复是电工基本工艺。导线连接的质量关系着线路和设备运行的可靠性和安全程度，而导线连接后或导线绝缘层破损都要恢复绝缘，这两项操作是从事维修工作和高压工作必备的基本技能工作。

【学习目标】

1. 知识目标

(1) 了解导线的分类及其应用。

(2) 了解常用导线的剖削方法。

(3) 学习导线的连接及绝缘的恢复方法。

2. 技能目标

(1) 掌握根据实际应用环境选择导线规格的方法。

(2) 熟练掌握常用导线绝缘层的剖削方法。

(3) 熟练掌握各类导线接头的连接方法。

(4) 掌握导线绝缘层的恢复方法。

【知识链接】

1. 常用电工材料

这里主要介绍电工材料中常用的绝缘材料、导电材料的种类、性能、规格及其选用。

1) 常用绝缘材料

导电能力非常低，施加电压后电流几乎不能通过(电阻系数大于 10^9 Ω/cm)的物质称为绝缘材料。严格地讲，绝缘材料并非绝对不导电，只是通过的电流很小。

绝缘材料在电气设备中的作用是把电位不同的带电部分隔离开来。另外，它还能起到机械支撑、保护导体、灭弧等作用。

(1) 绝缘材料的性能指标。为了防止绝缘性能损坏而造成事故，绝缘材料应符合规定的性能指标。绝缘性能主要表现在电阻率、击穿强度、机械强度、耐热性能等方面。

① 电阻率。电阻率是最基本的绝缘性能指标。足够的绝缘电阻能把电气设备的泄漏电流限制在很小的范围以内，电工绝缘材料的电阻率一般在 10^9 Ω/cm 以上。

② 电击穿强度或绝缘强度。绝缘材料抵抗电击穿的能力称为电击穿强度或绝缘强度。当外施电压增高到某一极限值时，绝缘材料就会丧失绝缘特性而被击穿。绝缘强度通常用 1 mm 厚的绝缘材料所能承受的千伏电压值来表示。一般的低压电工工具，如电工钳绝缘柄可耐压 500 V，使用过程中必须注意。

③ 机械强度。由绝缘材料构成的绝缘零件或绝缘结构都要承受拉伸、重压、扭曲、弯折、震动等机械负荷。因此，要求绝缘材料本身具有一定的机械强度。

④ 耐热性能。当温度升高时，绝缘材料的电阻、击穿强度、机械强度等性能都会降低，因此，要求绝缘材料在规定温度下能长期工作且绝缘性能保证可靠。不同成分的绝缘材料的耐热程度不同，为此将耐热等级分为 Y、A、E、B、F、H、C 七个等级，并对每个等级的绝缘材料规定了最高极限工作温度。

Y 级：极限工作温度为 90℃，如木材、棉花、纸、纤维、醋酸纤维、聚酰胺等纺织品及易于热分解和熔化点低的塑料绝缘物。

A 级：极限工作温度为 105℃，如漆包线、漆布、漆丝、油性漆及沥青等绝缘物。

E 级：极限工作温度为 120℃，如玻璃布、油性树脂漆、高强度漆包线、乙酸乙烯耐热漆包线等绝缘物。

B 级：极限工作温度为 130℃，如聚酯薄膜、经相应树脂处理的云母、玻璃纤维、石棉、聚酯漆、聚酯漆包线等绝缘物。

F 级：极限工作温度为 155℃，如用 F 级绝缘树脂粘合或浸渍、涂敷后的云母、玻璃丝、石棉、玻璃漆布，以及由上述材料为基础的层压制品、云母粉制品、化学热稳定性较好的聚酯和醇酸类材料、复合硅有机聚酯漆。

H 级：极限工作温度为 180℃，如加厚的 F 级材料、云母、有机硅云母制品、硅有机漆、硅有机橡胶聚酰亚胺复合玻璃布、复合薄膜、聚酰亚胺漆等。

　　C 级：极限工作温度超过 180℃，为不采用任何有机黏合剂及浸渍剂的无机物，如石英、石棉、云母、玻璃等。

　　⑤ 其他性能。绝缘材料除以上性能指标外，还有如密度、膨胀系数、耐酸、耐腐蚀性及吸水性等。在选用绝缘材料时，应根据不同需要首先考虑要有合格的绝缘电阻、足够的绝缘强度、允许的耐热等级，其次再考虑要有较好的理化性能、较高的机械强度、加工使用方便等因素。

　　绝缘材料在使用过程中，受各种因素的长期作用，可能会因电击穿、腐蚀、自然老化、机械损伤等原因，使绝缘性能下降甚至失去绝缘性能。

　　(2) 常用电工绝缘材料的选择。常用电工绝缘材料的性能和用途如表 3-1 所示。

表 3-1　常用绝缘材料性能和用途一览表

名称	颜色	厚度/mm	击穿电压/V	极限工作温度/℃	特　点	用　途	备　注
电话纸	白色	0.04 0.05	400	90	坚实，不易破裂	ϕ<0.4 mm 的漆包线的层间绝缘	类似品：相同厚度的打字纸、描图纸或胶版纸
电缆纸	土黄色	0.08 0.12	400 800	90	柔顺、耐拉力强	ϕ>0.4 漆包线的层间绝缘、低压绕组间的绝缘	类似品：牛皮纸
青壳纸	青褐色	0.25	1500	90	坚实、耐磨	线包外层绝缘，简易骨架	
电容器纸	白、黄色	0.03	500	90	薄，耐压较高	ϕ<0.3 mm 漆包线的层间绝缘	
聚酯薄膜	透明	0.04 0.05 0.10	3000 4000 9000	120～140	耐热、耐高压	高压绕组层、相间等的绝缘	
聚酯薄膜粘带	透明	0.055～ 0.17	5000～ 17000	120	耐热、耐高压，强度高	同上 便于低压绝缘密封	
聚氯乙烯薄膜粘带	透明，略黄	0.14～ 0.19	1000～ 1700	60～80	较柔软、黏性强、耐热差	低压和高压线头包扎(低温场合)	
油性玻璃漆布	黄色	0.15 0.17	2000～ 3000	120	耐热性好,耐压较高	线圈、电器绝缘衬垫	

名称	颜色	厚度/mm	击穿电压/V	极限工作温度/℃	特 点	用 途	备 注
沥青醇酸玻璃漆布	黑色	0.15 0.17	2000～3000	130	耐热、耐潮性好；耐压较高，耐油性差	同上。但不太适用于在油中工作的线圈及电器等	
油性漆布 (黄蜡布)	黄色	0.14 0.17	2000～3000	90	耐高压,但耐油性较差	高压线圈层、相间绝缘	
油性漆绸 (黄蜡绸)	黄色	0.08	4000	90	耐高压，较薄，耐油性较好	高压线圈层、相间绝缘	一般适用于需减小绝缘物体积之场合
聚四氟乙烯薄膜	透明	0.03	6000	280	耐压及耐温性能极好	需耐高压、高温或酸碱等的绝缘	价格昂贵
压制板	土黄色	1.0 1.5		90	坚实，易弯折	线包骨架	
高频漆	黄色			90 (干固后)	黏性	粘合绝缘纸、压制板、黄蜡布等，线圈浸渍	代用品洋干漆
清喷漆	透明稍黄				黏性	粘合绝缘纸、压制板、黄蜡布等，线圈浸渍	又名：蜡克
云母纸	透明	0.10 0.13 0.16	1600 2000 2600	130 以上	耐热性、耐压性较好，但易碎、不耐潮	各类绝缘衬垫等	
环氧树脂灌封剂	白色				常用配方:6101环氧树脂70%,乙二胺 9%,磷苯二甲酸二丁酯21%	电视机高压包等高压线圈的灌封、粘合	宜慢慢灌入(或滴入高压包骨架内)以防空气进入
硅橡胶灌封剂	白色					电视机高压包等高压线圈的灌封、粘合	同上
地蜡	糖浆色					各类变压器浸渍处理用	石蜡 70%，松香 30%

2) 常用导电材料

(1) 导电材料的分类。导电材料的用途是输送、传导电流和电信号。导电材料一般分为良导体材料和高电阻材料。

① 良导体材料：分为铜、铝、钢，主要用于制作导线或母线。钨(熔点较高)用于制作灯丝，锡(熔点低)主要用于导线的接头焊料。银、铬、镁、锌、锰、镍，因蕴藏量少，价格较高，很少采用。银用做触点。

② 高电阻材料：如康铜、锰铜、镍铬和铁铬铝等，用做电阻器和热工仪表的电阻元件等。

固体导电材料大部分是金属的，目前铜和铝是使用最多的导电材料。工厂中常用的导电材料是电线，电线又名导线，是传导电流的导体。导线的安全载流量是指导线在不超过最高允许温度时，所允许长期通过的最大电流。

各种导线在不同的使用条件下的安全载流量在各种手册和设计规程中都有明确的规定。它根据导线绝缘所允许的芯线最高工作温度、导线的芯线使用环境的极限温度、冷却条件、敷设条件(如采用穿管、护套及明线敷设等)来确定。例如，BV 型聚氯乙烯绝缘铜芯单芯导线在环境温度 25℃、载流线芯温度 70℃条件下，架空敷设时的参考载流量如表 3-2 所示。

表 3-2　铜芯导线参考载流量表

标准截面积/mm²	0.8	1.0	1.5	2.5	4.0	6.0
参考载流值/A	17	20	25	34	45	56

在工厂实际应用中，一般铜线的安全载流量选 $5 \sim 8$ A/mm²，铝线的安全载流量选 $3 \sim 5$ A/mm²。

线规是表示导线直径粗细的一种国家标准，我国采用公制线径的线规，即导线的规格是以直径(mm)表示的。

(2) 导线电缆的种类、特点及用途。导线电缆的种类很多。按导线外表是否有绝缘层可分为裸导线和绝缘导线两大类；按制造工艺及使用范围又可把绝缘导线分为电磁线、电器装备用电线电缆、电力电缆及通信电线电缆四类。

① 裸导线。只有导体部分，没有绝缘和保护层结构的导线称为裸导线。根据裸导线的形态和结构可分为圆单线、型线、软接线和裸绞线四种。

a. 圆单线。圆单线有单股裸铝(LY 型和 LR 型)、单股裸铜(TY 型和 TR 型)、单股镀锌铁线(GY 型)。主要是给各种电线电缆作导电芯线用或作电机、电器及变压器绕组用。2.5 mm² 以上的有时用做户外架空线或直接用于架空的通信广播线。

b. 型线。非圆线截面的裸导线可分为电车架空线、裸铜排 TMY、裸铝排 LMY 和扁钢等。电车架空线主要用于电机车运输接触线；裸铜排和裸铝排应用于输配电的汇流排和车间低压架空母线；扁钢多用做接地母线。

常用的裸铜排、裸铝排的规格(单位：mm)有 15×3、20×3、25×3、30×4、40×4、40×5、50×5、50×6、60×6、80×6、100×6、60×8、80×8、100×8 等。

c. 软接线。凡是柔软的铜绞线和各种编织线都称为软接线，主要有铜电刷线、铜绞线、铜编织线等，主要用于电机、电器的电刷连接线、接地线和整流器引出线。

d. 裸绞线。主要用于架空线路中的输电导线。裸绞线的规格和用途如表 3-3 所示。型号中"L"表示铝线，"T"表示铜线，"G"表示钢线，"Y"表示硬，"R"表示软，"J"表示绞制。型号后面的数字表示截面积，例如"LGJ-16"表示截面积为 16 mm^2 的钢芯铝绞线。

表 3-3　普通绞线的品种、规格和用途

品　种	型号	截面积/mm^2	用　途
硬铝绞线	LJ	16～600	档距较小的一般架空配电线路
硬铜绞线	TJ	10～400	高低压架空输电线
铝合金绞线	HLJ	10～600	一般输配电线路
钢芯铝绞线	LGJ	10～600	重水区或大跨越导线、通信避雷线
镀锌钢绞线		2～260	农用架空线或避雷线

② 绝缘导线。绝缘导线一般是由导电的线芯、绝缘层和保护层所组成的。对绝缘导线有如下要求：

a. 导线的金属线芯要求导电率高，机械抗拉强度大，耐腐蚀，质地均匀，表面光滑无氧化、无裂纹等。

b. 导线的绝缘包皮要求绝缘电阻值高，质地柔韧且有相当机械强度，能耐酸、耐油、耐臭氧等的浸蚀。

常用的绝缘导线有橡皮绝缘导线和聚氯乙烯绝缘导线(塑料绝缘导线)。绝缘导线主要用于照明用线、电气设备的各种安装连接用线以及大型设备的电控系统布线等。芯线材料有铜芯和铝芯，有单股和多股。目前国家推荐使用聚氯乙烯绝缘导线，常用的绝缘导线的种类及应用范围如表 3-4 所示。

表 3-4　常用绝缘导线的型号、规格、用途

名　称	型　号	截面积/mm^2	用　途
铜芯橡皮线	BX	0.5～500	有防潮性能，适用于户内敷设，可以穿管
铝芯橡皮线	BLX	2.5～400	
铜芯塑料线	BV	0.8～95	有防潮性能，耐油，敷设简便，适用于户内敷设，可以穿管
铝芯塑料线	BLV	0.8～95	
铜芯塑料绝缘及护套线	BVV	1～10	有防潮性能，耐油，敷设简便，适用于户内敷设，可以穿管
铝芯塑料绝缘及护套线	BLVV	1～10	
铜芯塑料绝缘软线	RVS(绞型) RVB(平型)	2×0.2～2×2.5	供干燥场合敷设在绝缘子上或用做移动式受电装置的接线
丁腈聚氯乙烯 复合绝缘软线	RFB RFS	2×0.2～2×1.5	耐寒、耐热、耐油、耐腐蚀、不易燃、工艺简单。适用于家用电器接线

③ 电缆。电缆是一种多芯电线，即在一个绝缘软管内有很多互相绝缘的线芯，所以要求线芯间绝缘电阻高，不易发生短路等故障。

电缆线芯按使用要求可分为硬型、软型、特软型和移动式电线电缆四类。电缆按线芯数又可分为单芯、双芯、三芯、四芯四类。

绝缘层是包在导电的线芯外的一层橡皮、塑料或油纸等绝缘物。绝缘层有防止通信电缆漏电和防止电力电缆放电两个作用。

保护层的作用是保护绝缘层，它可分为两种：一种是固定敷设的电缆多采用金属护层；另一种是移动电缆多采用非金属护层。金属护层大多采用铅套、铝套、绉绞金属套和金属编织套等，在它的外面还有外护层，以保护金属护层不受外界机械和腐蚀等损伤。非金属护层大多采用橡皮、塑料，有些即将被淘汰的产品中用纤维，如棉纱、丝等编织护套。

电缆有电力电缆和通信电缆两种。电力电缆主要用做动力线；通信电缆包括电信系统的各种通信电缆、电话线和广播线。工厂中常用的是电力电缆。常用电缆的型号、种类及用途如表 3-5 所示。

表 3-5　常用电缆的型号、种类及用途

型　号	名　称	主　要　用　途
YHZ	中型橡套电缆	500 V 电缆，能承受相当机械外力
YHC	重型橡套电缆	500 V 电缆，能承受较大机械外力
YHH	电焊机用橡套软电缆	供连接电源用
YHHR	电焊机用橡套特软电缆	主要供连接卡头用
KVV 系列	聚氯乙烯绝缘及护套控制电缆	用于固定敷设，供交流 500 V 及以下或者直流 1000 V 及以下的配电装置，作为仪表电器连接用
VV 系列 VLV 系列	聚氯乙烯绝缘及护套控制电缆	(1) 用于固定敷设，供交流 500 V 及以下或直流 1000 V 以下电力电路。 (2) 用于 1～6 kV 电力电路

④ 电磁线。电磁线也是一种绝缘线，它用于电机、电器及仪表的绕组。它的绝缘层是涂漆或包纤维的，如纱包、丝包、玻璃丝和纸包等，其中纱包和丝包即将被淘汰。

电磁线按绝缘层的特点和用途分为漆包线、绕包线、无极绝缘电磁线和特种电磁线四类，其中漆包线是最常用的。漆包线的绝缘层是漆膜，是将绝缘漆涂在导线上烘干形成。漆膜均匀、光滑，便于自动绕制线圈，因而漆包线被广泛地用于中、小型电机、电器和微型电工产品中。

2. 导线线头绝缘层的剥削

导线线头绝缘层的剥削是导线加工的第一步，是为以后导线的连接作准备。电工必须学会用电工刀、钢丝钳或剥线钳来剥削绝缘层。

1) 塑料硬线绝缘层的剥削

(1) 用钢丝钳剥削塑料硬线绝缘层。线芯截面为 2.5 mm² 及以下的塑料硬线，一般用钢丝钳进行剥削。剥削方法如下：

① 用左手捏住导线，在需剥削线头处，用钢丝钳刀口轻轻切破绝缘层，但不可切伤线芯。

② 用左手拉紧导线，右手握住钢丝钳头部用力向外勒去塑料层，如图 3-1 所示。

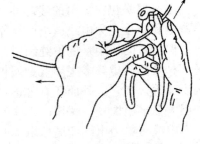

在勒去塑料层时，不可在钢丝钳刀口处加剪切力，否则会切伤线芯。剥削出的线芯应保持完整无损，如有损伤，应重新剥削。

(2) 用电工刀剥削塑料硬线绝缘层。线芯面积大于 4 mm² 的塑料硬线，可用电工刀来剥削绝缘层。方法如下：

图 3-1　钢丝钳剥削塑料硬线外壳

① 在需要剥削线头处，用电工刀以 45° 角倾斜切入塑料绝缘层，注意刀口不能伤着线芯，如图 3-2(a)所示。

② 电工刀口切开绝缘层后，刀面与导线保持 25° 角左右，用力向线端推削，只削去上面一层塑料绝缘，不可切入线芯，如图 3-2(b)所示。

③ 将余下的线头绝缘层向后翻折，把该绝缘层剥离线芯，如图 3-2(c)所示，再用电工刀切齐。

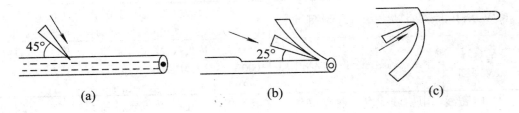

图 3-2　电工刀剥削塑料硬线绝缘层

2) 塑料软线绝缘层的剥削

塑料软线绝缘层用剥线钳或钢丝钳剥削，剥削方法与用钢丝钳剥削塑料硬线绝缘层方法相同。注意不可用电工刀剥削，因为塑料软线由多股铜丝组成，用电工刀剥削容易损伤线芯。

3) 塑料护套线绝缘层的剥削

塑料护套线具有护套层和每根线芯的绝缘层两层绝缘。塑料护套线绝缘层用电工刀剥削，方法如下：

(1) 护套层的剥削。在线头所需长度处，先用电工刀刀尖对准护套线中间线芯缝隙处划开护套线，如图3-3(a)所示，然后翻折护套层，再用电工刀齐根切去，如图3-3(b)所示。

(2) 内部绝缘层的剥削。切去护套层后，露出的每根芯线绝缘层，可用钢丝钳或电工刀按照剥削塑料硬线绝缘层的方法分别除去。钢丝钳或电工刀在切入时应离护套层5～10 mm。

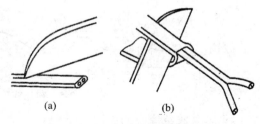

图 3-3　塑料护套线绝缘层的剥削

4) 橡皮线绝缘层的剥削

橡皮线绝缘层外面有一层柔韧的纤维编织保护层，先用剥削护套线绝缘层的办法，用电工刀刀尖划开纤维编织层，并将其翻折后齐根切去，再用剥削塑料硬线绝缘层的方法，除去橡皮绝缘层。若橡皮绝缘层内的芯线上还包缠着棉纱，可将该棉纱层松开，再齐根切去。

5) 花线绝缘层的剥削

花线绝缘层分为外层和内层，外层是一层柔韧的棉纱编织层。剥削时先用电工刀在线头所需长度处切割一圈拉去，然后在距离棉纱编织层10 mm左右处用钢丝钳按照剥削塑料软线的方法将内层的橡皮绝缘层再勒去。有的花线在紧贴线芯处还包缠有棉纱层，所以此类花线在勒去橡皮绝缘层后，要再将棉纱层松开翻折，最后齐根切去。如图3-4所示。

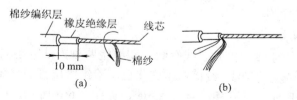

图 3-4　花线绝缘层的剥削

6) 橡套软线(橡套电缆)绝缘层的剥削

橡套软线外包护套层，内部每根线芯上又有各自的橡皮绝缘层。外护套层较厚，可用电工刀按切除塑料护套层的方法切除，露出的多股芯线绝缘层，可用钢丝钳勒去。

7) 铅包线护套层和绝缘层的剥削

铅包线绝缘层分为外部铅包层和内部芯线绝缘层。剥削时先用电工刀在铅包层切一个刀痕，然后上下左右振动折弯这个刀痕，使铅包层从切口处折断，并将它从线头上拉掉。内部芯线绝缘层的剖除方法与塑料硬线绝缘层的剥削法相同。剥削铅包层的操作过程如图3-5所示。

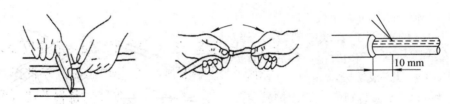

图 3-5　铅包线护套层和绝缘层的剥削

8) 漆包线绝缘层的去除

漆包线绝缘层是喷涂在芯线上的绝缘漆层。由于线径的不同，去除绝缘层的方法也不一样。直径在 0.6～1 mm 以上的，可用薄刀片刮去；直径在 0.1 mm 及以下的可以用细砂纸或细砂布擦除，但易于折断，需要小心。

3. 导线的连接

电气装修工程中，导线的连接是电工基本工艺之一。导线连接的质量关系着线路和设备运行的可靠性和安全程度。对导线连接的基本要求：电气接触良好，机械强度足够，接头美观并且绝缘恢复正常。

当导线长度不够或需要分接支路时，需要将导线与导线连接。在去除了线头的绝缘层后，即可进行导线的连接。

常用的导线按芯线股数的不同，有单股、7 股和 19 股等多种规格，其连接方法也各不相同。下面分别简单介绍。

1) 铜芯导线的连接

(1) 单股铜芯线的连接。单股芯线有绞接和缠绕两种方法。绞接法用于截面较小的导线，缠绕法用于截面较大的导线。绞接法是先将已剥除绝缘层且去除氧化层的两线头呈"X"形相交，如图 3-6(a)所示，并互相绞合 2～3 圈，如图 3-6(b)所示，接着扳直两个线头，将每根线头在对边的线芯上紧密缠绕 6～8 圈，如图 3-6(c)所示，最后剪去多余的线头，修理好切口毛刺即可。

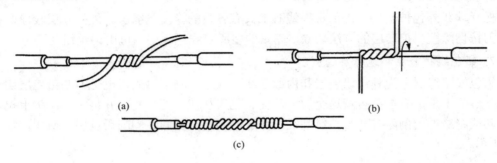

(a)

(b)

(c)

图 3-6　单股铜芯线的绞接连接

缠绕法是将已去除绝缘层和氧化层的线头相对交叠，再用直径为 1.6 mm 的裸铜线在其上进行缠绕，如图 3-7 所示，其中线头直径在 5 mm 及以下的缠绕长度为 60 mm，大于 5 mm 的，缠绕长度为 90 mm。

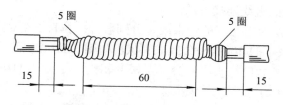

图 3-7　缠绕法连接单股铜芯线

（2）单股铜芯线的 T 形连接方法：单股铜芯线 T 形连接时仍可用绞接法和缠绕法。绞接法是将除去绝缘层和氧化层的线头与干线剥削处的芯线十字相交，注意在支路芯线根部留出 3～5 mm 裸线，按顺时针方向将支路芯线在干路芯线上紧密缠绕 6～8 圈，如图 3-8 所示。最后剪去多余线头，修整好毛刺。

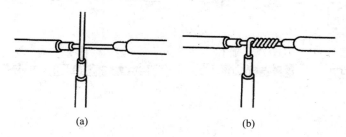

图 3-8　单股铜芯线 T 形连接

对于用绞接法连接较困难的截面较大的导线，可用缠绕法，如图 3-9 所示。其具体方法与单股铜芯线直连的缠绕法相同。

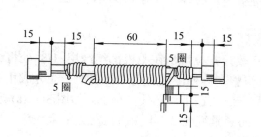

图 3-9　缠绕法单股线 T 形连接

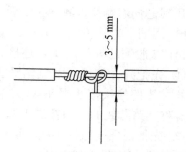

图 3-10　小截面单股线 T 形连接

对于截面较小的单股铜芯线，可用图 3-10 所示的方法完成 T 形连接，先把支路芯线线头与干路芯线十字相交，仍在支路芯线根部留出 3～5 mm 裸线，把支路芯线在干线上缠绕成结状，再把支路芯线拉紧扳直并紧密缠绕在干路芯线上。为保证接头部位有良好的电接触和足够的机械强度，应保证缠绕长度为芯线直径的 8～10 倍。

(3) 7 股铜芯导线的直线连接方法：

① 先将除去绝缘层及氧化层的两根线头分别散开并拉直，在靠近绝缘层的 1/3 线芯处将该段线芯绞紧，把余下的 2/3 线头分散成伞状，如图 3-11(a)所示。

② 把两个分散成伞状的线头隔股交叉至根部相接，如图 3-11(b)所示。然后捏平两边分散的线头，如图 3-11(c)所示。

③ 把一端的 7 股线芯按 2、2、3 股分成三组，先将第一组的 2 股线芯扳起，垂直于线头，如图 3-11(d)所示，然后按顺时针方向紧密缠绕 2 圈，再将余下的线芯向右与线芯平行方向扳平，如图 3-11(e)所示。

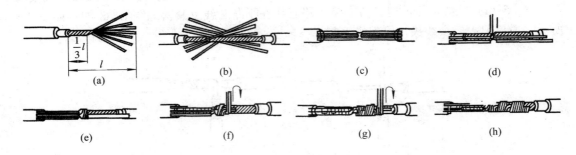

图 3-11　7 股铜芯导线的直线连接

④ 先将第二组 2 股线芯扳成与线芯垂直方向，如图 3-11(f)所示，然后按顺时针方向紧压着前两股扳平的线芯缠绕 2 圈，再将余下的线芯向右与线芯平行方向扳平。

⑤ 先将第三组的 3 股线芯扳成与线头垂直方向，如图 3-11(g)所示，然后按顺时针方向紧压线芯向右缠绕，缠绕 3 圈后，再切去每组多余的线芯，剪平线端，如图 3-11(h)所示。

⑥ 用同样方法再缠绕另一边线芯。

(4) 7 股铜芯导线的 T 形连接方法：

① 先把除去绝缘层及氧化层的分支线芯散开并拉直，在距根部绝缘层 1/8 处将线绞紧，再将支路线头按 3 根和 4 根线芯分成两组整齐排列，然后用螺丝刀把干线分成相等的两组，将支路芯线的一组穿过干线的中隙，另一组放在干线芯线的前面，如图 3-12(a)所示。

② 先把前面一组往干线一边按顺时针方向紧紧缠绕 3～4 圈，再剪去多余线头，用钳口整平线端，如图 3-12(b)所示。

③ 把穿过干线的另一组支路芯线按逆时针方向往干线的另一边缠绕 4～5 圈，剪去多余线头，用钳口整平线端，如图 3-12(c)所示。

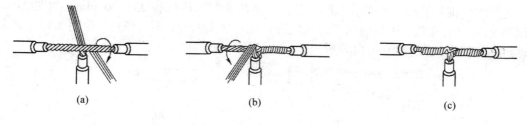

(a)	(b)	(c)

图 3-12　7 股铜芯线的 T 形连接

(5) 19 股铜芯线的直线连接和 T 形连接方法：19 股铜芯线的连接与 7 股铜芯线的连接方法基本相同。在直线连接中，由于芯线股数较多，因此可剪去中间的几股，按要求在根部留出一定长度绞紧，隔股对叉，分组缠绕。在 T 形连接中，支路芯线按 9 和 10 的根数分成两组，将其中一组穿过中缝后，沿干线两边缠绕。为保证有良好的接触和足够的机械强度，对这类多股芯线的接头，通常都应进行钎焊处理。

2) 铝芯导线的连接

铝的表面极易氧化，而且这类氧化铝膜电阻率较高，除小截面铝芯线外，其余铝导线的连接都不采用铜芯线的连接方法。在电气线路施工中，铝线线头的连接常用螺钉压接法、压接管压接法和沟线夹螺钉压接法三种，下面简单介绍常用的前两种连接方法。

(1) 螺钉压接法。将剥去绝缘层的铝芯线头用钢丝刷或电工刀除去氧化层，涂上中性凡士林后，将线头伸入接头的线孔内，再旋转压线螺钉压接。线路上导线与开关、灯头、熔断器、仪表、瓷接头和端子板的连接，多用螺钉压接，如图 3-13 所示。单股小截面铜导线在电器和端子板上的连接亦可采用此法。

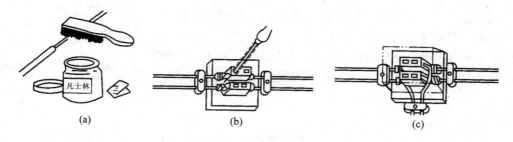

(a)	(b)	(c)

图 3-13　螺钉压接法

(2) 压接管压接法。压接管压接法适用于较大负荷的多股铝芯导线的直线连接，需要用压接钳和压接管，如图 3-14(a)、(b)所示。

① 根据多股铝芯线规格选择合适的压接管，除去需要连接的两根多股铝芯导线的绝缘层，并用钢丝刷清除铝芯线头和压接管内壁的铝氧化层，然后涂上中性凡士林。

② 将两根铝芯线头相对穿入压接管，并使线头穿出压接管 25～30 mm，如图 3-14(c) 所示。然后进行压接，压接时第一道压坑应在铝芯线头一侧，不可压反，如图 3-14(d) 所示。压接完成后的铝芯线如图 3-14(e) 所示。

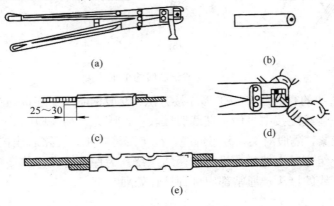

图 3-14　压接管压接法

3) 线头与接线桩的连接

(1) 线头与针孔接线桩的连接。把单股导线除去绝缘层后插入合适的接线桩针孔，然后上紧螺钉。如果单股线芯较细，可以把线芯折成双根，再插入针孔。对于软线，须先把软线的细铜丝都绞紧，再插入针孔，孔外不能有铜丝外露，以免发生事故，如图 3-15 所示。

(2) 线头与平压式接线桩的连接。对载流量小的单股芯线，先将线头弯成接线圈，如图 3-16 所示，再用螺钉压接。对于横截面不超过 10 mm²、股数为 7 股及以下的多股芯线，应按图 3-17 所示的步骤制作压接圈；对于载流量较大、横截面积超过 10 mm²、股数多于 7 股的导线端头，应安装接线耳。

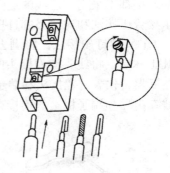

图 3-15　针孔接线桩的连接

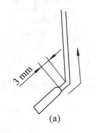

图 3-16　单股芯线压接圈的弯法

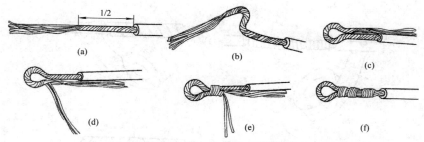

图 3-17　7 股芯线压接圈的制作

(3) 线头与瓦型连接桩的连接。瓦型连接桩的垫圈为瓦型。压接时为了不致使线头从瓦型连接桩内滑出，压接前应先将线头弯曲成 U 形，如图 3-18(a)所示，再卡入瓦型接线桩压接。如果接线桩上有两个线头连接，应将弯成 U 形的两个线头重合，再卡入接线桩瓦型垫圈下方并压紧。如图 3-18(b)所示。

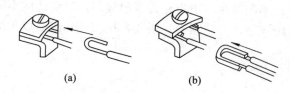

图 3-18　单股芯线与瓦型连接桩的连接

4. 导线绝缘的恢复

导线绝缘层破损或导线连接后都要恢复绝缘，恢复后的绝缘强度不应低于原有的绝缘层。恢复绝缘层的材料一般用黄蜡带、涤纶薄膜带、塑料带和黑胶带等。通常选用带宽为 20 mm 的黄蜡带或黑胶带，这样包缠较方便。

1) 绝缘带的包缠

(1) 先用黄蜡带(或涤纶带)从离切口两根带宽(约 40 mm)处的绝缘层上开始包缠，如图 3-19(a)所示。缠绕时采用斜叠法，黄蜡带与导线保持约 55°的倾斜角，每圈压叠带宽的 1/2，如图 3-19(b)所示。

(2) 包缠一层黄蜡带后，将黑胶带接于黄蜡带的尾端，以同样的斜叠法按另一方向包缠一层黑胶带，如图 3-19(c)、(d)所示。

2) 导线绝缘恢复的注意事项

(1) 电压为 380 V 的线路恢复绝缘时，可先用黄蜡带用斜叠法紧缠 1～2 层，再用黑胶带缠绕一层。在 220 V 线路中，可先包一层黄蜡带，再包一层黑胶带，或不包黄蜡带，只包两层黑胶带。

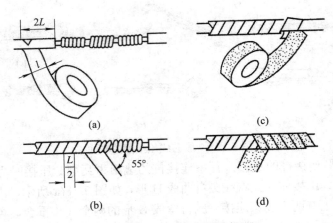

图 3-19　导线绝缘的恢复

(2) 包缠绝缘带时，不能过疏，更不允许露出线芯，以免造成事故。

(3) 包缠时要拉紧绝缘带，并应紧密、坚实，粘结在一起，以免潮气侵入。

【技能训练】

1. 技能训练器材

技能训练所需设备、工具、材料见表 3-6。

表 3-6　技能训练所需设备、工具、材料

名　称	型号或规格	数　量	名　称	型号或规格	数　量
塑料铜芯线	长 1 m 的 BV 2.5 mm^2	4 根	塑料铜芯线	长 1 m 的 BV 10 mm^2	4 根
塑料护套绝缘线	长 1 m 的 BVV 1.5 mm^2	2 根	插入式熔断器	RC1A15/10	2 个
黄蜡带、黑胶带	带宽 20 mm	各 1 卷	塑料铜芯硬线	2.5 mm^2	若干
拉线开关		2 个			

2. 技能训练内容及要求

老师提出以下实训任务，学生根据前面所学的知识来操作完成。

(1) 常用电工工具的使用。

(2) 单股铜芯线、多股铜芯线绝缘的剥削，直线连接与 T 形连接的方法。

(3) 导线绝缘的恢复。

(4) 塑料护套线的剥削及其与接线桩的连接。操作内容：

① 两根 BV 2.5 mm² 铜芯线作绝缘层剥削、直线连接、绝缘恢复。

② 两根 BV 2.5 mm² 铜芯线作绝缘层剥削、T 形连接、绝缘恢复。

③ 两根 BV 10 mm² 7 股铜芯线作绝缘层剥削、直线连接、绝缘恢复。

④ 两根 BV 10 mm² 7 股铜芯线作绝缘层剥削、T 形连接、绝缘恢复。

⑤ 两根 BVV 1.5 mm² 塑料护套线先作绝缘层剥削，然后其中一根与熔断器作针孔式接线桩连接，另一根与拉线开关作平压式接线桩连接。

(5) 注意事项：

① 剥削导线绝缘层时应正确使用电工工具，使用电工刀要注意安全。

② 剥削导线绝缘层时不能损伤线芯。

③ 作导线连接时缠绕方法要正确，缠绕要平直、整齐和紧密，最后要钳平毛刺，以便于恢复绝缘。

④ 护套线线头与熔断器连接时不应露铜。

⑤ 导线作平压式接线桩连接时，先用尖嘴钳把线头弯成圆环；螺钉拧紧方向与导线弯环方向一致。

训练内容可反复练习。整理实训操作结果，按标准写出实训报告。

【技能考核评价】

本任务考核参照《中级维修电工国家职业技能鉴定考核标准》执行，评分标准参考表 3-7。

表 3-7　考核要求及评分标准

考核内容	分 值	评 分 标 准	扣 分	得 分
绝缘导线的剥削	30 分	(1) 导线剥削方法不正确，每根扣 5 分； (2) 导线损伤： ① 有刀伤或钳伤，每根扣 5 分； ② 多股线芯有剪断现象，每根扣 10 分		
导线连接	40 分	(1) 缠绕方法不正确，每根扣 10 分； (2) 缠绕不整齐、不紧密，每根扣 5 分； (3) 针孔式接线桩连接有露铜，扣 10 分； (4) 平压式接线桩连接差，扣 5 分		
绝缘恢复	30 分	(1) 包缠方法不正确，每根扣 10 分； (2) 包缠不紧密，每根扣 5 分		
安全文明操作	10 分	(1) 违反操作规程，每次扣 5 分； (2) 工作场地不整洁，扣 5 分		
工时：1 h			评分	

习　题

1. 简答题

(1) 型号为 BVV 的导线名称是什么？主要用途是什么？

(2) 截面积大于 $4\,mm^2$ 的塑料硬线用什么工具剥削绝缘层？怎样剥削？

(3) 导线连接的质量优劣体现在哪些方面？

(4) 如何进行 7 股铜芯导线的直线连接和 T 形连接？

(5) 铜芯导线与铝芯导线可以直接连接吗？为什么？

(6) 在导线绝缘恢复中，若把黑胶带斜叠包缠在里层，而黄蜡带斜叠包缠在外面，可以吗？为什么？

2. 拓展训练题

请练习家装电工中的穿线训练，从电线盒出来后，穿过线管，再到线盒布线。这个布线是分组布线，没有接头，直接放整个完整线路。

项目四 照明电路的安装与维修

国家职业标准技能要求初级工要掌握动力、照明线路及接地系统的知识，能够检查、排除动力和照明线路及接地系统的电气故障。

照明电气线路安装与维修是低压电气工作人员的基本工作。这些工作主要包括：照明电气线路工程图的识读、照明线路配线训练、照明装置的安装与维修、量配电装置的安装等内容。

任务 1 照明电路图的识读

【任务引入】

在电路设计与安装过程中，电路图的识读是一项基本技能，能按要求设计图纸及照图施工是电工必须掌握的一项技能。本任务通过识读某住宅供电系统的电气原理图、安装图，使学生掌握图纸识读与设计技能。

【学习目标】

1. 知识目标

(1) 了解照明电气线路工程图常用符号及其意义。

(2) 了解照明配电线路及照明灯具的标注方法。

(3) 掌握照明电气线路原理图和安装图的识读方法。

2. 技能目标

能识读照明电气线路的原理图和安装图。

【知识链接】

1. 常用符号及其标注

在照明电气线路工程图中，常在电器、导线、管路旁标注一些文字符号，表示线路所用电工器材的规格、容量、数量，以及导线穿线管的种类、管径、配线方式、配线部位等。

1) 常用的图形符号

在照明电气线路工程图中，常用图形符号来表示各种电气设备、开关、灯具、插座及线路。照明电气线路工程图的常用图形符号如表 4-1 所示。

表 4-1　照明电气线路工程图的常用图形符号

图形符号	名称	图形符号	名称	图形符号	名称
	门铃		暗装三极开关		壁灯
	电话机的一般符号		暗装单相插座		荧光灯的一般符号
	单相插座		密封(防水)单相插座		三管荧光灯一般符号
	单极开关		带接地插孔的三相插座		保护接地
	暗装单极开关		分线盒		接地
	双极开关		分线箱		电流表
	暗装双极开关		球形灯		辉光启动器
	三极开关				

2) 常用的文字符号

在照明电气线路工程图中，常用文字符号来表示线路的配线方式和配线部位，其含义分别如表 4-2 和表 4-3 所示。

表 4-2　配线方式文字符号的含义

文字符号	含义	文字符号	含义
CP	瓷瓶配线	DG	电线管配线(薄壁钢管)
CJ	瓷夹配线	VG	硬塑料管配线
VJ	塑料线夹配线	RVG	软塑料管配线
CB	槽板配线	PVC	PVC 管配线
XC	塑料模板配线	SPG	蛇铁皮管配线
G	普通钢管配线(厚壁)	QD	卡钉配线

表 4-3　配线部位文字符号的含义

文字符号	含　义	文字符号	含　义
M	明配线	DM	沿地板或地面明配线
A	暗配线	LA	在梁内暗配线或沿梁暗配线
LM	沿梁或屋架下明配线	ZA	在柱内暗配线或沿柱暗配线
ZM	沿柱明配线	QA	在墙体内暗配线
QM	沿墙明配线	PA	在顶棚内暗配线
PM	沿天棚明配线	DA	在地下或地板下暗配线

标注举例如下：

BVR2×2.5PVC16-QA

表示线路所用的是聚氯乙烯绝缘软电线(BVR)；导线两根，每根导线的截面积为 2.5 mm^2；配线方式采用 ϕ16 mm 的 PVC 管穿管配线；在墙体内暗敷配线(QA)。

BLX-500，2×2.5DG15-DA

表示线路所用的是铝芯橡皮绝缘软电线(BLX)，耐压为 500 V；共有两根导线，每根导线的截面积为 2.5 mm^2；配线方式采用 ϕ15 mm 的薄壁钢管穿管配线；在地面下暗敷配线(DA)。

3) 配电线路及照明灯具的标注

(1) 配电线路的标注。配电线路一般按下式标注，即

$$ab\text{-}c\times def\text{-}g$$

式中：

　　a——网络标号；

　　b——导线型号或代号；

　　c——导线根数；

　　d——导线截面积，单位是 mm^2；

　　e——配线方式；

　　f——配线所用材料的尺寸；

　　g——配线部位。

标注举例如下：

BV-3×2.5DG20-PA

表示线路所用的是 BV 型铜芯导线(BV)；共有 3 根导线，每根导线的截面积为 2.5 mm^2；配线方式采用 ϕ20 mm 的薄壁钢管穿管配线；在顶棚内暗敷配线。

(2) 照明灯具的标注。照明灯具在照明电路中一般按下式标注，即

$$a-b\frac{c\times d}{e}f$$

式中：

　　a——照明灯具数，单位是盏(或组)；

　　b——型号或代号，一般用拼音字母代表照明灯具的种类，常用照明灯具的代号如表4-4所示；

　　c——每盏(或组)照明灯具的数量；

　　d——灯的功率，单位是W；

　　e——照明灯具底部至地面或楼面的安装高度，单位是m；

　　f——安装方式的代号，代号的含义如表4-5所示。

标注举例如下：

$$4-G\frac{1\times150}{3.5}G$$

表示4盏隔爆灯，每盏灯中装有1只150W的白炽灯，采用管吊式安装，吊装高度为3.5 m。

$$2-Y\frac{3\times40}{2.5}L$$

这表示2组荧光灯，每组由3根40W的荧光灯组成，采用链吊式安装，吊装高度为2.5 m。

表4-4　常用照明灯具代号的含义

文字符号	含　义	文字符号	含　义
P	普通吊灯	T	投光灯
B	壁灯	Y	荧光灯
H	花灯	G	隔爆灯
D	吸顶灯	J	水晶低罩灯
Z	柱灯	F	防水防尘灯
L	卤钨探照灯	S	搪瓷伞罩灯

表4-5　灯具安装方式代号的含义

文字符号	含　义	文字符号	含　义
X	线吊式	T	台上安装式
L	链吊式	R	嵌入式
G	管吊式	DR	吸顶嵌入式
B	壁装式	BR	墙壁嵌入式
D	吸顶式	J	支架安装式
W	弯式	Z	柱上安装式

2. 照明电气线路工程图的识读

照明电气线路工程图有电气原理图(简称原理图)、安装接线图(简称安装图)、电器布置图、端子排图和展开图等。其中,电气原理图和安装接线图是最常见的两种形式。

1) 识读的基本要求

(1) 结合相关图形符号识读。照明电气线路工程图的设计、绘制与识读离不开相关的图形符号,只有认识相关图形符号,才能理解工程图的含义。

(2) 结合电工基本原理识读。照明电气线路工程图的设计离不开电工基本原理。要看懂工程图的结构和基本工作原理,必须懂得电工基本原理的有关知识,才能分析线路,理解工程图所含内容。

(3) 结合建筑结构识读。在安装图中往往有各种相关的电气设备安装,如配电箱、开关、白炽灯、插座等。必须先懂得这些电气设备的基本结构、性能和用途,了解它们的安装位置等,才能读懂并理解工程图。

(4) 结合设计说明、原理图和安装图识读。将设计说明、原理图和安装图三者结合起来,即能理解整个设计意图,才能完成整个电气安装施工。

2) 原理图的识读

照明电气线路的原理图是用来表明线路的组成和连接的一种方式。通过原理图可分析线路的工作原理及各电器的作用、相互之间关系等,但它不涉及电气设备的结构或安装情况。根据电工基本原理,在图样上分清照明线路及电气设备安装,这其中主要包括开关配电箱的安装,箱内总开关、各支路开关的安装,各支路导线的根数、横截面积、安装方式及各支路的负载形式等。

图 4-1 为某住宅供电系统的电气原理图。读图,可得出信息:单元总导线为 2 根截面积为 16 mm² 加 1 根截面积为 6 mm² 的 BV 型铜芯导线,设计使用功率为 11.5 kW,总导线

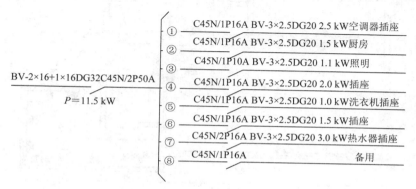

图 4-1　某住宅供电系统的电气原理图

采用直径为 32 mm 的薄壁钢管暗敷设，从外到照明开关配电箱，由总断路器(型号为 C45N/2P50A)控制；照明电气线路分 8 路控制(其中一路在配电箱内，备用)，并在线路上标出①～⑧字样，各路由断路器(型号为 C45N/1P16A)控制，每条支路(线路)由 3 根截面积为 2.5 mm² 的 BV 型铜芯导线穿直径为 20 mm 的管暗敷设；各支路的设计使用功率分别为：2.5 kW、1.5 kW、1.1 kW、2 kW、1 kW、1.5 kW、3 kW。

3) 安装图的识读

照明电气线路的安装图是根据电气设备的实际结构和安装要求绘制的图样。在绘制时，只考虑线路的配线安装和电气设备的安装位置，而不反映该电气设备的工作原理。结合设计说明、原理图和建筑结构，理解各电气设备的安装位置和高度，理解各支路导线在建筑房屋结构上的走向和所到位置，读图时还应注意施工中所有器件(元件)的型号、规格和数量。

图 4-2 为某住宅供电系统的安装图。读图，可得信息：在门厅过道有配电箱 1 个，分 8 条支路(其中 1 条支路在配电箱内备用)引出，也在线路上标出①、②、③、④、⑤、⑥、⑦字样，这与原理图的各支路号字样一一对应，各支路导线沿墙或楼板到负载电器的安装位置；照明顶棚灯座有 10 处，墙壁插座有 23 处，所有的连接灯具(电器)的导线、插座及开关采用暗敷设；各电器的安装高度在"说明"或在"注"中标明，标出空调器插座、厨房电冰箱插座、洗衣机插座及开关等电器距地面的安装技术数据。

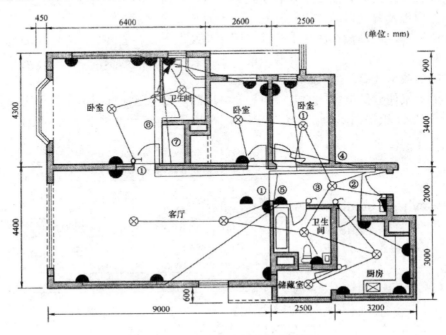

图 4-2　某住宅供电系统的安装图

【技能训练】

1. 技能训练器材

(1) 某住宅供电系统的电气原理图　1张；

(2) 某住宅供电系统的安装图　1张。

2. 技能训练内容及要求

1) 供电系统电气原理图的识读

提示：注意遵守"分清干路与支路，顺着电源找负载"的原则。

要求：说明主干路的分支情况；说明主干路使用导线的根数、截面积、类型及敷设方式等；说明主干路的设计功率及总断路器的型号；说明各支路使用导线的根数、截面积、类型及敷设方式等；说明各支路的设计功率及断路器的型号。

2) 供电系统安装图的识读

提示：注意安装图上各支路的标号与原理图上各支路的标号一一对应关系。

要求：说明建筑物平面结构与支路关系，说明各支路所接负载的安装位置、高度、数量及线路敷设方式等。

【技能考核评价】

本任务主要考核照明电气线路图的识读，本任务考核参照《中级维修电工国家职业技能鉴定考核标准》执行，评分标准参考表4-6。

表4-6　考核内容及评分标准

考核内容	分值	评 分 标 准	扣分	得分
原理图的识读	60分	(1) 主干路的分支情况，每处扣10分； (2) 主干路使用导线的根数、截面积、类型及敷设方式等，每处扣15分； (3) 主干路的设计功率及总断路器的型号，每处扣10分； (4) 各支路使用导线的根数、截面积、类型及敷设方式等，每处扣15分； (5) 各支路的设计功率及断路器的型号，每处扣10分		
安装图的识读	30分	(1) 建筑物平面结构与支路关系，每处扣10分； (2) 各支路负载的安装位置、高度、数量及线路敷设方式等，每处扣20分		
安全文明操作	10分	违反1次，扣5分		
定额时间	45 min	每超过5 min，扣5分		
开始时间		结束时间		
			评分	

任务 2　照明装置的安装和维修

【任务引入】

在工农业生产中，照明是一项最基本的需求，而照明所需的光源，以电源最为普遍。电光源的分类和安装要求是日常生活中最常见的。本任务通过对照明装置的安装规程及其安装和维修训练的学习，使学生掌握照明装置的安装工艺和故障的排除方法。

【学习目标】

1. 知识目标

(1) 了解照明装置的安装规程。

(2) 了解照明装置的结构及工作原理。

(3) 掌握照明装置常见故障的排除方法。

2. 技能目标

能熟练安装照明装置，并能排除其常见故障。

【知识链接】

照明所需光源，以电光源最为普通。电光源所需的电气装置，统称为照明装置。正确安装和维修照明装置是电工所必须熟练掌握的基本技术。

1. 照明装置的安装要求

照明装置的安装要求，可概括成 8 个字，即正规、合理、牢固、整齐。

正规：是指各种灯具、开关、插座及所有附件必须按照有关规程和要求进行安装。

合理：是指选用的各种照明器具必须正确、适用、经济、可靠，安装的位置应符合实际需要，使用要方便。

牢固：是指各种照明器具要安装得牢固可靠，使用安全。

整齐：是指同一使用环境和同一要求的照明器具要安装得横平竖直，品种规格要整齐统一。

2. 照明装置的安装规程

1) 技术要求

(1) 各种灯具、开关、插座及所有附件的品种规格、性能参数(如额定电流、耐压等)，必须适应配用的需要。

(2) 灯具、开关、插座及所有附件应适合使用环境的需要。例如，应用在户内特别潮湿或具有腐蚀性气体和蒸汽的场所，或应用在有易燃、易爆物品的场所，必须相应地采用具有防潮或防爆结构的灯具和开关。

(3) 无安全措施的车间或工厂的照明灯、各种机床的局部照明灯及移动式工作手灯(也叫行灯)，都必须采用 36V 及以下的低压安全灯。

2) 安装规定

各种灯具、开关、插座及所有附件的安装应符合下述规定：

(1) 相对湿度经常在 85% 以上的，或环境温度经常在 40℃以上的，或有导电尘埃的，或是导电地面的场所，统称潮湿或危险场所，应用于这类场所及户外的灯具，其离地距离不得低于 2.5 m。

(2) 不属于上述潮湿或危险场所的车间、办公室、商店和住房等处所使用的灯具，其离地距离不得低于 2 m。

(3) 在户内一般环境中，当因生活、工作或生产需要而必须把灯具放低时，其离地距离不得低于 1 m，且电源引线上要穿套绝缘管加以保护。同时，还必须安装安全灯座。

(4) 对于灯座离地不足 1 m 时所使用的灯具，必须采用 36 V 及以下的低压安全灯。

3) 开关、插座的离地要求

(1) 普通灯具开关和普通插座的离地距离不应低于 1.3 m。

(2) 有特殊需要时，插座允许低装，但离地距离不应低于 0.15 m，且应选用安全插座。

3. 照明装置的安装和维修

1) 白炽灯

(1) 结构。白炽灯由灯泡和灯头组成，按连接方式可分为螺口式和卡口式两类。白炽灯的外形、灯头及电路图如图 4-3 所示。

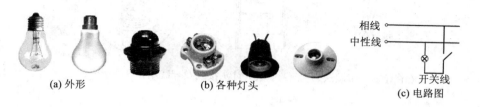

图 4-3　白炽灯的外形、灯头及电路

(2) 工作原理。白炽灯是利用灯丝电阻的电流热效应使灯丝发热、发光的。

(3) 白炽灯的安装：

① 底座的安装。白炽灯的底座一般采用现成的塑料底座，通过膨胀螺栓直接固定在建筑物上。塑料底座的中部开有小孔，可将电源线通过小孔引出。

② 挂线盒的安装。先将塑料底座上的电源线头从挂线盒底座中穿出，用木螺钉将挂线盒固定在塑料底座上。然后将伸出挂线盒底座的线头剥去 20 mm 左右的绝缘层，弯成接线圈后，分别压接在挂线盒的两个接线桩上。为了不使接线头承受灯具的重量，将从接线螺钉引出的导线两端打好结扣，使结扣卡在挂线盒的出线孔处，如图 4-4 所示。

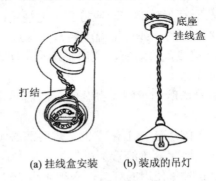

(a) 挂线盒安装　　(b) 装成的吊灯

图 4-4　挂线盒的安装

③ 吊灯头的安装。将导线穿入灯头盖孔中，打一个结扣，然后把去除绝缘层的导线头分别按压在接线桩上，相线应接在跟中心铜片连接的接线桩上，零线接在与螺口连接的接线桩上，如图 4-5 所示。

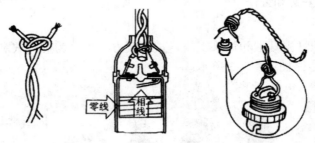

(a) 导线结扣做法　　　　(b) 灯头接线及导线结扣

图 4-5　吊灯头的安装

④ 开关的安装。开关应串联在通往灯头的相线上，相线应先进开关然后进灯头。开关的安装步骤和方法与挂线盒大体相同。

(4) 故障及维修。白炽灯的故障现象、原因和排除方法如表 4-7 所示。

表 4-7 白炽灯的故障现象、原因和排除方法

故障现象	产生故障的可能原因	排除方法
灯泡不发光	灯丝断裂	更换灯泡
	灯头或开关触点接触不良	把接触不良的触点修复,无法修复时,应更换完好的
	熔丝烧毁	修复熔丝
	线路开路	修复线路
	停电	开启其他用电器给以验明,或观察邻近不是同一个进户点用户的情况给以验明
发光强烈	灯丝局部短路(俗称搭丝)	更换灯泡
灯光忽亮忽暗,或时亮时熄	灯头或开关触点(或接线)松动,或因表面存在氧化层	修复松动的触点或接线,去除氧化层后重新接线,或去除触点的氧化层
	电源电压波动(通常由附近大容量负载经常启动引起)	更换配电变压器,增加容量
	熔丝接触不良	重新安装或加固压紧螺钉
	导线连接不妥,连接处松散	重新连接导线
不断烧断熔丝	灯头或挂线盒连接处两线头互碰	重新接好线头
	负载过大	减轻负载或扩大线路的导线容量
	熔丝太细	正确修配熔丝规格
	线路短路	修复线路
	胶木灯头两触点间胶木严重烧毁	更换灯头
灯光暗红	灯头、开关或导线对地严重漏电	更换完好的灯头、开关或导线
	灯头、开关接触不良,或导线连接处接触电阻增大	修复接触不良的触点,或重新连接接头
	线路导线太长、太细,导线压降太大	缩短导路长度,或更换较大截面积的导线

2) 荧光灯

(1) 结构。荧光灯由灯管、辉光启动器(启辉器)、镇流器、灯架和灯座组成,如图 4-6 所示。

(2) 工作原理。当开关接通时,电源电压立即通过镇流器和灯管灯丝加到启辉器的两极。220 V 的电压立即使启辉器的惰性气体电离,产生辉光放电。辉光放电的热量使双金属片受热膨胀,两极接触。电流通过镇流器、启辉器和两端灯丝构成通路,灯丝很快被电

流加热，发射出大量电子。这时，由于启辉器两极闭合，两极间电压为零，辉光放电消失，管内温度降低，双金属片自动复位，两极断开。在两极断开的瞬间，电路电流突然切断，镇流器会产生很大的自感电动势，与电源电压叠加后作用于灯管两端。灯丝受热时发射出来的大量电子，在灯管两端高电压作用下，以极大的速度由低电势端向高电势端运动。电子在加速运动的过程中，碰撞管内氩气分子，使之迅速电离。氩气电离生热，热量使水银产生蒸汽，随之水银蒸汽也被电离，并发出强烈的紫外线。在紫外线的激发下，管壁内的荧光粉发出近乎白色的可见光。

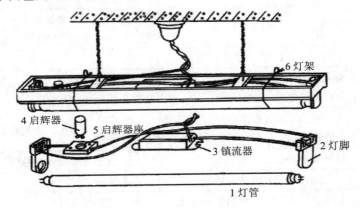

图 4-6　荧光灯

(3) 荧光灯的安装。荧光灯的安装主要是按接线图连接电路。如图 4-7 所示。

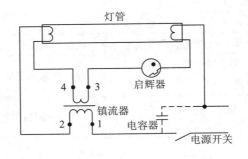

图 4-7　荧光灯的接线图

① 安装灯架。将镇流器、启辉器座分别安装在灯架的中间位置和灯架的一端。将两个灯座分别固定在灯架两端，中间距离要按所用灯管的长度量好，使灯管两端灯脚既能插进灯座插孔，又能有较紧的配合。各配件位置固定后，按接线图进行接线，只有灯座是边接线边固定在灯架上的。接线完毕，要对照接线图详细检查，以免接错、接漏。

② 固定灯架。安装前先在设计的固定点打孔预埋合适的紧固件，然后将灯架固定在紧固件上。安装灯架时，应将灯架中部置于被照面的正上方，并使灯架与被照面横向保持平行，力求得到较高的照度。

③ 安装管件。把荧光灯管插入灯座插孔内，再把启辉器旋入启辉器座中。

④ 开关的安装。开关应串联在相线上，检查无误后，即可通电试用。

(4) 故障及维修。荧光灯的常见故障比较多，荧光灯的故障现象、原因和排除方法如表4-8所示。

表4-8　荧光灯的故障现象、原因和排除方法

故障现象	产生故障的可能原因	排 除 方 法
灯管不发光	无电源	验明是否停电或熔丝烧断
	灯座触点接触不良，或线头松散	重新安装灯管，或重新连接已松散线头
	启辉器损坏，或与启辉器座触点接触不良	先旋动启辉器，看是否发光，再检查线头是否脱落，排除后仍不发光，应更换启辉器
	镇流器线圈或管内灯丝断裂或脱落	用万用表低电阻挡测量线圈和灯丝是否通路，20 W 及以下灯管一端断丝，可把两脚短路，仍可应用
灯管两端发亮，中间不亮	启辉器接触不良，或内部小电容击穿，或启辉器座线头脱落，或启辉器已损坏	按上面所述方法检查；对于小电容击穿，可剪去后复用
灯光忽亮忽暗，或时亮时熄	灯头或开关触点(或接线)松动，或因表面存在氧化层	修复松动的触点或接线，去除氧化层后重新接线，或去除触点的氧化层
	电源电压波动(通常由附近大容量负载经常启动引起)	更换配电变压器，增加容量
	熔丝接触不良	重新安装或加同压紧螺钉
	导线连接不妥，连接处松散	重新连接导线
启辉困难(灯管两端不断闪烁，中间不亮)	启辉器配用不成套	换上配套的启辉器
	电源电压太低	调整电压或缩短电源线路，使电压保持在额定值
	环境气温太低	可用热毛巾在灯管上来回烫熨(但应注意安全，灯架和灯座处不可触及和受潮)
	镇流器配用不成套，启辉电流过小	换上配套的镇流器
	灯管老化	更换灯管

故障现象	产生故障的可能原因	排 除 方 法
灯光闪烁或管内有螺旋形滚动地带	启辉器或镇流器连接不良	连好连接点
	镇流器不配套(工作电流过大)	换上配套的镇流器
	新灯管暂时现象	使用一段时间,会自行消失
	灯管质量不佳	无法修理,更换灯管
镇流器过热	镇流器质量不佳	正常温度下不超过 65℃为限,严重过热的应更换
	启辉情况不佳,连续不断地长时间产生触发,增加镇流器负担	排除启辉系统故障
	镇流器不配套	换上配套的镇流器
	电源电压过高	调整电压
镇流器有异声	铁芯叠片松动	紧固铁芯
	铁芯硅钢片质量不佳	更换硅钢片(要校正工作电流,即调节铁芯间隙)
	线圈内部短路(伴随过热现象)	更换线圈或整个镇流器
	电源电压过高	调整电压
灯管两端发黑	灯管老化	更换灯管

3) 节能型荧光灯

(1) 结构。节能型荧光灯由灯管、灯座、镇流器、底盘和玻璃罩组成,其外形如图 4-8 所示。与普通荧光灯相比较,在节能型荧光灯的灯管外电路中少了一个启辉器;此外,它只用一个灯座。

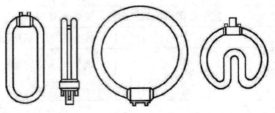

图 4-8 节能型荧光灯的外形

(2) 工作原理。节能型荧光灯的工作原理与普通荧光灯类似。

(3) 荧光灯的安装。节能型荧光灯的接线图如图 4-9 所示。

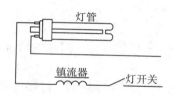

图 4-9　节能型荧光灯的接线图

① 先把荧光灯管卡、镇流器固定在底盘上，把预留导线头穿过底盘，将底盘用螺钉固定在带预埋塑料膨胀螺栓的顶棚上。

② 按接线图接线，接线过程与普通荧光灯类似。

③ 如果荧光灯管和镇流器是一体化的产品，就按白炽灯的安装方法进行安装。

4) 碘钨灯

(1) 结构。碘钨灯是卤素灯的一种，属于热发射电光源，是在白炽灯的基础上发展而来的。碘钨灯的结构及接线图如图 4-10 所示。

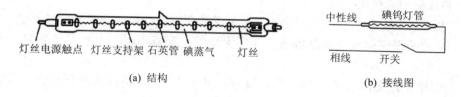

(a) 结构　　　　　　　　　　　　　　　　(b) 接线图

图 4-10　碘钨灯的结构及接线图

(2) 工作原理。碘钨灯的发光原理和白炽灯一样，都以灯丝作为发光体，不同的是碘钨灯管内充有碘，当管内温度升高后，和灯丝蒸发出来的钨化合，成为挥发性的碘化钨。碘化钨在靠近灯丝的高温处又分解为碘和钨，钨留在灯丝上，而碘又回到温度较低的位置，如此循环，灯丝就不易变细，也延长了灯丝的寿命。

(3) 碘钨灯的安装：

① 灯管应安装在配套的灯架上，这种灯架是特定设计的，既具有灯光的反射功能，又是灯管的散热装置，有利于提高照度和延长灯管寿命。

② 灯架离可燃建筑物的净距离不得小于 1 m，以避免出现烤焦或引燃事故。

③ 灯架离地垂直高度不得低于 6 m，以免产生眩光。

④ 灯管在工作时必须处于水平状态，倾斜度不得超过 4°，否则会破坏碘钨循环，缩短灯管寿命。

⑤ 由于灯管温度较高，灯管两端管脚的连接导线应采用裸铜线穿套瓷珠的绝缘结构，然后通过资质接线桥与电源引线连接，而电源引线宜采用耐热性能较好的橡胶绝缘软线。

(4) 故障及维修。碘钨灯的故障较少，除出现与白炽灯类似的常见故障外，最常见的还有以下故障：

① 因灯管安装倾斜，会使灯丝寿命缩短。在这种情况下，应重新安装，使灯管保持水平。

② 因工作时灯管过热，经反复热膨胀冷缩后，灯脚密封处松动，接触不良。在这种情况下，一般应更换灯管。

4. 照明开关、插座的安装规范

1) 照明开关的安装规范

(1) 开关安装位置要便于训练操作，开关边缘距门框边缘的距离为 0.15～0.2 m，开关距地面高度一般为 1.3 m。

(2) 相同型号并列安装及同一照明开关安装高度一致，且控制有序不错位。

(3) 暗装的开关面板应紧贴墙面，四周无缝隙，安装牢固，表面光滑整洁，无碎裂、划伤。

2) 插座的安装规范

(1) 当不采用安全型插座时，幼儿园及小学等儿童活动场所安装高度应不低于 1.8 m。

(2) 暗装的插座面板应紧贴墙面，四周无缝隙，安装牢固，表面光滑整洁，无碎裂、划伤。

(3) 车间及试(实)验室的插座安装高度应不低于 0.3 m，特殊场所暗装的插座高度应不低于 0.15 m，同一照明插座安装高度应一致。

(4) 地插座面板应与地面齐平或紧贴地面，盖板要固定牢固，密封良好。

(5) 插座的接线也有规范要求，如图 4-11 所示。

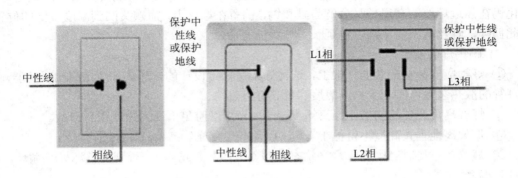

图 4-11 插座的接线规范

注意： 插座有单相二孔、单相三孔和三相四孔之分，插座容量民用建筑有 10 A、16 A。

选用插座要注意其额定电流值应与通过的电器和线路的电流值相匹配，如果过载，极易引发事故；同时，还要注意查看该插座是否有安全认证标志，我国电工产品安全认证标志为长城标志，如图 4-12 所示。

中国电工产品安全认证

图 4-12　安全认证标志

【技能训练】

1．技能训练器材

(1) 白炽灯、开关及导线　1 套/组；

(2) 荧光灯管、灯架、开关、启辉器、镇流器及导线　1 套/组；

(3) 钢丝钳、剥线钳、验电笔及万用表　1 套/组。

2．技能训练内容及要求

1) 白炽灯的故障检查

提示：故障检查时，白炽灯的玻璃外壳有可能是炽热的状态，小心不要烫手；用验电笔检查灯头螺纹口是否带电时，一定要在确认没有电的情况下，才允许触碰。

(1) 检查白炽灯。观察白炽灯的铭牌，核对白炽灯的额定功率和额定电压；检查白炽灯的灯丝是否有断裂、搭丝现象；检查白炽灯的灯头是否松动，是否有漏气现象。

(2) 检查白炽灯的电源。检查白炽灯的电源熔断器是否熔断，检查熔体值是否合适；检查白炽灯的电源电压值是否与标称的额定电压一致，检查电源电压是否波动。

(3) 检查白炽灯灯头、开关及连线。检查白炽灯的灯芯与灯头的底芯接触是否良好；检查开关接触及导线连接是否良好；检查灯头连接处两线头是否互碰。

2) 荧光灯的安装

提示：荧光灯的灯管是玻璃制品，易碎，取用时应轻拿轻放，要保持灯管的清洁。

(1) 组装灯架附件。用螺钉将镇流器固定在灯架的中部，用软线将镇流器 4 个端子的连接线引出至灯架的端部；用螺钉将启辉器座固定在灯架的端部；将灯座固定在灯架的端部，两个灯座间距离应适当，以灯管实际长度为基准，两边各加 2 mm 为宜，如图 4-13(a) 所示。

(2) 荧光灯的接线。接线按图 4-7 所示电路进行，把相线接入开关，开关引出线必须先与镇流器连接，然后再按镇流器接线图接线，如图 4-13(b)所示。

当 4 个镇流器的线头标记模糊不清时，可用万用表电阻挡测量，电阻较小的两个线头是副线圈，标记为 3、4，与启辉器构成回路；电阻较大的两个线头是主线圈，标记为 1、2，与外接交流电源构成回路。

对照图 4-7，认真核对电路接线，重点检查接线是否有错误、是否漏接线、接线点是否松动等。

(3) 固定灯架。如图 4-13(c)所示，由于训练是在实训室的照明实训装置进行的，没有预埋紧固件的条件，但可以用细木工板来模拟照明棚顶，这样就可以直接将灯架用木螺钉固定在工板上。

(4) 安装管件。如图 4-13(d)所示，把荧光灯管插入灯座插孔内，再把启辉器旋入启辉器座中。

(5) 通电试用。闭合开关，给荧光灯上电，观察荧光灯的启动过程。若发现故障，则应及时断电。在荧光灯正常工作时，拔出启辉器，再观察荧光灯的状态。给荧光灯断电，然后再次重新上电，用短线头轻触启辉器座的两接线端，观察荧光灯能否再次启动。

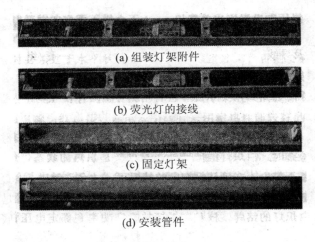

(a) 组装灯架附件

(b) 荧光灯的接线

(c) 固定灯架

(d) 安装管件

图 4-13　荧光灯的安装

【技能考核评价】

本任务主要考核照明装置的安装和维修，本任务考核参照《中级维修电工国家职业技能鉴定考核标准》执行，评分标准参考表 4-9。

表 4-9　考核内容及评分标准

考核内容	分值	评 分 标 准	扣分	得分
白炽灯的故障检查	35 分	(1) 故障询问调查, 5 分; (2) 检查电源电压是否正常, 5 分; (3) 检查熔断器的熔体是否熔断, 5 分; (4) 检查灯头或开关触点是否接触不良, 5 分; (5) 检查灯丝是否断裂, 5 分; (6) 检查灯泡是否漏气, 5 分; (7) 检查灯泡的额定电压是否与电源电压一致, 5 分		
荧光灯的安装训练	55 分	(1) 组装灯架附件, 10 分; (2) 荧光灯的接线, 20 分; (3) 固定灯架, 10 分; (4) 安装管件, 5 分; (5) 通电试用, 10 分		
安全文明训练	10 分	违反 1 次扣 5 分		
定额时间	45 min	每超过 5 min 扣 5 分		
开始时间		结束时间	总评分	

任务 3　照明线路的敷设与安装

【任务引入】

在日常生产和工农业生产中, 照明装置是如何安装的? 楼梯和走廊上的开关控制原理是什么? 照明线路敷设与安装的工艺有什么要求? 本任务通过对照明线路配线技术要求和工艺的学习, 使学生掌握常用配线的工艺和使用方法。

【学习目标】

1. 知识目标

(1) 了解照明线路配线的技术要求。

(2) 了解照明线路配线工艺。

(3) 掌握照明线路配线训练方法。

2. 技能目标

能熟练进行塑料护套线和塑料槽板的配线。

【知识链接】

照明线路配线的方法主要有明敷设配线和暗敷设配线。明敷设配线包括塑料护套线配线、塑料槽板配线和明管配线，暗敷设配线常是暗管配线。

1. 照明线路配线的技术要求

照明线路配线要在保证电能安全输送的前提下，尽可能使线路布局合理、安装牢固、整齐美观。

1) 照明线路配线的工艺要求

(1) 导线的额定电压应大于线路的工作电压，导线的绝缘应符合线路的安装方式和敷设的环境条件，导线的截面积应能满足供电和机械强度的要求。

(2) 配线时应尽量避免导线有接头，除非用接头不可的，其接头必须采用压线或焊接，导线连接和分支处不应受机械力的作用；留在管内的导线，在任何情况下都不能有接头，必要时尽可能将接头放在接线盒内。

(3) 配线在建筑物内安装要保持水平或垂直。水平敷设时，导线距离地面不小于 2.5 m；垂直敷设时，导线最下端对地距离不小于 2 m。配线应加套管保护(按照明配管的技术要求选配)，天花板走线可用金属软管，但要固定稳妥且美观。

(4) 信号线不能与大功率电力线平行，更不能穿在同一管内，若因环境所限，则必须要平行走线，且要远离 50 cm 以上。导线间和导线与地之间的绝缘电阻不小于 0.5 MΩ。

(5) 导线穿越楼板时，应加钢管保护，钢管上端距离楼板 2 m，下端到穿出楼板为止；导线穿墙时，应加套管保护，套管两端口伸出墙面不短于 10 mm。

(6) 为了减小接触电阻和防止脱落，截面积在 10 mm^2 以下的导线可将线芯直接与电器端子压接；截面积在 16 mm^2 以上的导线，可将线芯先装入接线端子内压紧，然后再与电器端子连接，以保证有足够的接触面积。

(7) 导线敷设的位置应便于检查和维护，尽可能避开热源。

(8) 报警控制箱的交流电源线应单独走线，不能与信号线和低压直流电源线穿在同一管内，交流电源线的安装应符合电气安装标准；报警控制箱到天花板的走线要求加套管保护，以提高防盗系统的防破坏性能。

2) 照明线路配线的工序及要求

(1) 定位。定位应在土木建抹灰之前进行，在建筑物上明确照明灯具、插座、配线装置、开关等设备装置的实际位置，并注上标号。

(2) 画线。在导线沿建筑物敷设的路径上，画出线路走向，确定绝缘支持件固定点、穿墙孔、穿楼板孔的位置，并注上标号。

(3) 凿孔与预埋。按标注位置凿孔并预埋紧固件。

(4) 埋设紧固件及保护管。

(5) 敷设导线。

2. 照明线路配线工艺

1) 塑料护套线配线工艺

(1) 画线定位。在护套线沿建筑物敷设的路径上，画出线路走向，确定支持件固定点、穿墙孔的位置，并注上标号。在画线时应考虑布线的适用、整洁及美观，应尽可能如图 4-14 所示。

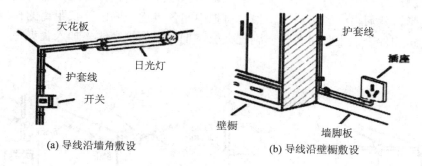

(a) 导线沿墙角敷设　　　　(b) 导线沿壁橱敷设

图 4-14　画线定位图例

(2) 放线下料。放线是保证护套线敷设质量的重要一步。整盘护套线，不能搞乱，不可使线产生扭曲。因此，放线时，需要使用放线架放线，如图 4-15(a)所示，或者两人合作，一人把整盘线按图 4-15(b)所示套入双手中，另一人握住线头向前拉。放出的线不可在地上拖拉，以免擦破或弄脏导线的护套层。线放完后先放在地上，量好下料长度，并留出一定余量后剪断。

(3) 敷设护套线。为使线路整齐美观，必须将护套线敷设得横平竖直。几条护套线成排平行敷设时，应上下左右排列紧密，不能有明显空隙。敷线时，应将护套线勒直、勒平收紧置于塑料线卡内，如图 4-16 所示。

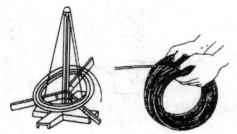

(a) 放线架放线　　　(b) 手工放线

图 4-15　放线训练

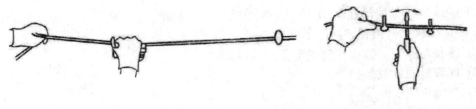

(a) 勒直护套线　　　　　　　　　　(b) 勒平护套线

图 4-16　塑料护套线的敷设

(4) 支持训练。护套线支持点的定位要求如图 4-17 所示。使用塑料线卡作为支持件，如图 4-18 所示。将护套线置于线卡的中间，然后直接用水泥钢钉钉牢。每夹持 4~5 个线卡后，应目测进行一次检查，若有偏斜，则可用锤敲线卡纠正。短距离的直线部分先把护套线一端夹紧，然后再夹紧另一端，最后再把中间各点逐一固定；长距离的直线部分可在其两端的建筑构件表面上临时各装一副瓷夹板，把收紧的护套线先加入瓷夹中，然后逐一上线卡。

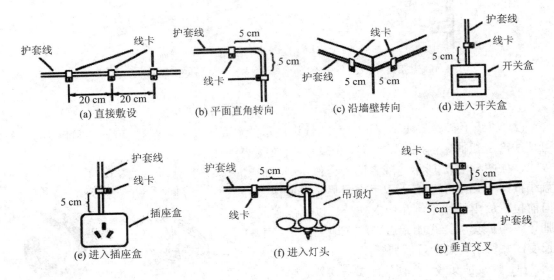

图 4-17　护套线支持点的定位要求

图 4-18　塑料线卡

注意：

① 塑料护套线不得直接埋入抹灰层内暗配敷设，也不得在室外露天场所敷设；

② 塑料护套线的连接头和分支接头应放在接线盒、开关、插座内；

③ 敷设塑料护套线的环境温度不得低于–15℃。

2) 塑料槽板配线工艺

GA 系列塑料槽板如图 4-19 所示。塑料槽板配线工艺如图 4-20 所示。

图 4-19 GA 系列塑料槽板

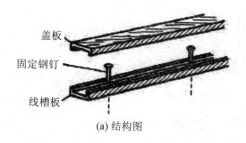
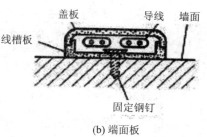

(a) 结构图   (b) 端面板

图 4-20 塑料槽板配线工艺

GA 系列塑料槽板常见的规格有：2400 mm × 15 mm × 10 mm、2400 mm × 24mm × 14 mm、2400 mm × 39 mm × 18 mm、2400 mm × 60 mm × 22 mm、2400 mm × 100 mm × 27 mm、2400 mm × 60 mm × 40 mm、2400 mm × 80 mm × 40 mm、2400 mm × 100 mm × 40 mm。

(1) 画线定位。根据施工要求，按图纸上的线路走向画出槽板敷设线路。槽板应尽量沿房屋的线角、横梁、墙角等处敷设，与建筑物的线条平行或垂直，如图 4-21 所示。

(2) 槽板的安装固定。安装时应考虑将平直的槽板安装在显露的地方，将弯曲的部分安装在较为隐蔽的地方。在安装槽板时，首先要考虑每块槽板两端的位置。在每块槽板距两端头 50 mm 处要有一个固定点，其余各固定点间的距离为 500 mm 以内大致均匀排列。

(3) 槽板拼接。按线路的走向不同槽板有以下几种拼接方法。

① 直线拼接：将要拼接的两块槽板的底板和盖板端头锯成45°断口，交错紧密拼接，底板的线槽必须对正。槽板的直线拼接如图4-22所示。

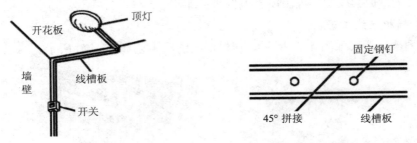

图 4-21　槽板的定位　　　　　　图 4-22　槽板的直线拼接

② 转角拼接：仍把两块槽板的底板和盖板端头锯成45°断口，并把转角处线槽之间的楞削成弧形后拼接。槽板的转角拼接如图4-23所示。

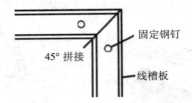

图 4-23　槽板的转角拼接

③ T形拼接：在支路槽板的端头，两侧各锯成腰长等于槽板宽度1/2的等腰直接三角形，留下夹角为90°的接头；干线槽板在宽度的1/2处，锯一个与支路槽板尖头配合的90°凹角，并把干线底板正对支路线槽的楞锯掉后再拼接。槽板的T形拼接如图4-24所示。

④ 十字形拼接：相当于两个T形拼接，工艺要求与T形拼接相同。槽板的十字形拼接如图4-25所示。

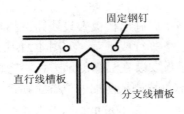
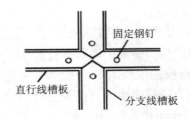

图 4-24　槽板的 T 形拼接　　　　图 4-25　槽板的十字形拼接

【技能训练】

1. 技能训练器材

(1) 氖管式验电笔　1 支/人；

(2) 数字式验电笔　1 支/人；

(3) 钢丝钳、尖嘴钳、斜口钳、剥线钳　1 套/组；

(4) 电工刀、活扳手　1 套/组。

2. 技能训练内容及要求

1) 塑料护套线配线的训练

(1) 一灯一控一插座线路安装。如图 4-26 所示，合上单相闸刀 **HK**，用氖管式验电笔测量插座火线插孔则有电；拉动拉线开关 **QS**，电路接通，灯泡则亮；再次拉开关 **QS**，灯泡则灭。

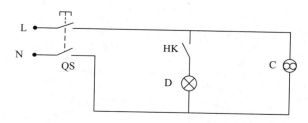

图 4-26　一灯一控一插座线路原理图

① 设计一灯一控一插座线路安装接线图。按图纸要求，画出基准线，标记支持点、线路装置及电器的位置。

② 放线下料。采用手工放线法，分清盘线的里外层，用盘线里层的端头作为起头，逆盘绕方向逐圈释放护套线；下料的长度要尽可能准确，以画线长度为参考，并适当增加一定的余量。

③ 敷设护套线。护套线的敷设高度要一致，距地面高度应不低于 2.5 m；走线方向要保持横平竖直。

④ 固定线长。两支持点之间要保持 150～200 mm 等间隔距离；塑料线卡距终端、转弯、电器或接线盒边缘的距离为 50～100 mm；遇有间距偏差时，应逐步调整均匀，以保持美观。在转角部分，应用手指顺弯按压，使护套线挺直平顺后再钉上线卡。

⑤ 元器件的安装：

a. 先在各元件位置上安装木台，将导线从圆木台孔中拉出，然后在木台上固定各元器件，并将导线按要求固定到各元件的接线柱上。

b. 如图 4-26 所示，拉线开关的连接线柱都应装在火线上。

c. 安装插座时，插座接线孔要按一定顺序排列。单相双孔插座双孔垂直排列时，相线孔在上方，零线孔在下方；单相双孔插座水平排列时，相线在右孔，零线在左孔。

⑥ 测量检查及通电试车。用万用表欧姆挡检测电路能否正常工作，若存在故障，则须排除后方可试电。

(2) 白炽灯两地控制线路的安装。用两个双联开关在两个地方控制一盏灯，常用于楼梯和走廊上，电路原理图如图 4-27 所示。在电路中，两个双联开关通过并行的两根导线相连，任何时候总有一条导线处于两个开关之间。若灯处于熄灭状态，按动任一双联开关即可使灯亮；若灯处在亮状态，按动任一双联开关，则可使灯灭，从而实现"二灯两控"的目的。

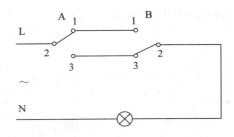

图 4-27　白炽灯两地控制线路

训练步骤参阅本项目训练任务 1。

2) 塑料槽板配线的训练

提示：塑料槽板应紧贴建筑物表面，且横平竖直、固定可靠，严禁用木楔固定；塑料槽板不得扭曲变形，保持槽板清洁、无破损。

(1) 画线定位。与塑料护套线配线的画线定位方法相同。

(2) 固定槽板底板。将槽板底板沿线路基准线用钢钉固定，勿使钉帽凸出，以防槽板底板未贴住建筑物表面。槽板底板固定点间距应小于 500 mm，底板两端距端头 50 mm 处应固定。

(3) 放线下料。与塑料护套线配线的放线下料方法相同。

(4) 敷线，盖槽板。底板内敷设的导线要有一定的松弛度，不要绞扭、打结、绝缘层破坏。盖槽板时，把盖板上的卡口夹住底槽侧壁上口，轻轻用手顺着拍打即可。

【技能考核评价】

本任务主要考核照明线路的配线，本任务考核参照《中级维修电工国家职业技能鉴定考核标准》执行，评分标准参考表 4-10。

表 4-10　考核内容及评分标准

考核内容	分值	评分标准	自评	互评	教师评
塑料护套线配线	45 分	(1) 画线定位，5 分； (2) 放线下料，10 分； (3) 敷设护套线，15 分； (4) 固定线卡，15 分			
塑料槽板配线	45 分	(1) 画线定位，5 分； (2) 制作槽板拐角、分支，15 分； (3) 固定槽板底板，10 分； (4) 放线下料，5 分； (5) 敷线，5 分； (6) 盖槽板，15 分			
安全文明操作	10 分	违反 1 次，扣 5 分			
定额时间	45 min	每超过 5min，扣 5 分			
开始时间		结束时间		总评分	

任务 4　计能装置的安装

【任务引入】

　　量配电装置是量电装置和配电装置的统称。量电是指通过电能表、熔断器等电气装置对用户消耗的电力进行计量，即对电能进行累计，以此作为电费的结算依据，在日常生活和生产中是最广泛的用电器具。本任务通过对计能装置及其安装规范的学习，使学生掌握计能装置的安装工艺。

【学习目标】

　　1. 知识目标

(1) 了解量电装置和配电装置的组成及作用。

(2) 了解电能表及配电板的安装规范。

(3) 掌握电能表的接线方法。

2. 技能目标

能熟练地进行配电板的安装。

【知识链接】

量配电装置是量电装置和配电装置的统称。量电是指通过电能表、熔断器等电气装置对用户消耗的电力进行计量即对电能进行累计，以此作为电费的结算依据；配电是指通过开关、熔断器等配电设备对电能表后的用电进行控制、分配和保护。

1. 量电装置

低压用户的量电装置主要由进户总熔断器盒和电能表两大部分组成。

1）进户总熔断器盒

进户总熔断器盒由熔断器、接线桥和封闭盒组成，外形如图 4-28 所示。进户总熔断器盒主要起短路保护、计划用电和隔离电源等作用。

图 4-28　进户总熔断器盒的外形

(1) 进户总熔断器盒的安装规范：

① 每一块电能表应有单独的进户总熔断器保护，并应全部装在进户总熔断器盒内。

② 进户总熔断器盒应装在进户点户外侧，如果电能表的安装位置离进户点较远，则应在电能表处安装分总熔断器盒。

③ 进户总熔断器盒应装在木板上，木板厚度不小于 10 mm，正面及四周应涂漆防潮，安装的位置应便于装拆和维修。

④ 进户总熔断器盒内的熔断器必须分别接在每一根相线上，中性线接在接线桥上。

(2) 进户总熔断器盒的安装工艺：由于进户总熔断器盒及其熔体由供电部门选定、安放及加封，所以本书对进户总熔断器盒的安装工艺不作重点介绍，只通过图 4-29 使读者有所了解。

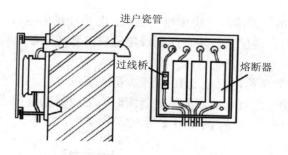

图 4-29 进户总熔断器盒的安装

2) 电能表

电能表又称电度表，是用来计量用电设备消耗电能的仪表，具有累计功能，外形如图 4-30 所示。

图 4-30 电能表的外形

按照相数来分，可分为单相和三相电能表。目前，家庭用户使用的表基本上是单相电能表。工业动力用户使用的表通常是三相电能表。

按照采样方式来分，可分为机械式电能表、电子式电能表和机电一体式电能表。根据国家智能电网建设，未来 3~5 年内，机械式电能表将基本上被电子式的智能电能表所取代。

(1) 电能表的安装规范：

① 电能表与配电装置通常应装在一起。装电能表的木板表面及四周边缘必须涂漆防潮，木板应为实木板，不应采用木台，允许和配电板共用一块通板，木板必须坚实干燥，不应有裂纹，拼接处要紧密平实。

② 电能表板要安装在干燥、无振动和无腐蚀性气体的场所。表板的下沿离地一般不低于 1.3 m，但大容量表板的下沿离地允许放低到 1~1.2 m，但不得低于 1 m。

③ 为了有利于线路的走向简洁而不混乱，以及保证配电装置的训练安全，电能表必须装在配电装置的左方或下方，切不可装在右方或上方。同时，为了保证抄表方便，应把电能表(中心尺寸)安装在离地 1.4~1.8 m 的位置上。若需并列安装多块电能表，则两表间的中心距离不得小于 200 mm。

④ 单相计量用电时，通常装一块单相电能表；两相计量用电时，应装一块三相四线电能表；三相计量用电时，也应装一块三相四线电能表；除成套配电设备外，一般不允许采用三相三线电能表。

⑤ 任何一相的计算负荷电流超过 100 A 时，都应装量电电流互感器(由供电部门供给)；当最大计算负荷电流超过现有电能表的额定电流时，也应装电流互感器。

⑥ 电能表的表位应尽可能按图 4-31 所示的形式排列。图中尺寸单位为 mm。

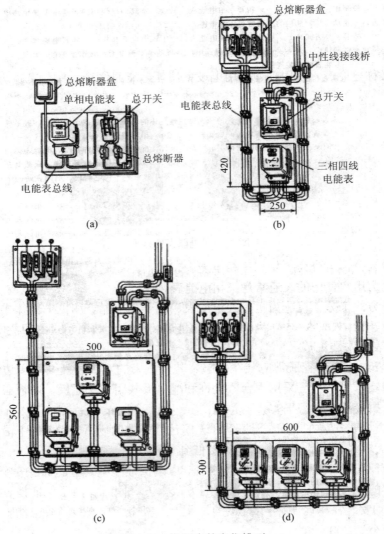

图 4-31　电能表的表位排列

⑦ 电能表的表身应装得平直，不可出现纵向或横向的倾斜，电能表的垂直偏差应不大于 1.5%，否则会影响电能表的准确性。

⑧ 电能表总线必须采用铜芯塑料硬线，配线要合理、美观，其截面积不得小于 1.5 mm²，中间不准有接头，总熔断器盒至电能表之间的长度不宜超过 10 m。

⑨ 电能表总线必须明线敷设。采用线管安装时，线管也必须明装；在装入电能表时，一般以"左进右出"原则接线。

(2) 电能表的接线：

① 单相电能表的接线。单相电能表共有 5 个接线桩，从左到右按 1、2、3、4、5 编号，如图 4-32 所示。其中 1、4 接线桩为单相电源的进线桩，3、5 接线柱为出线桩。单相电能表的接线如图 4-33 所示。单相电能表的实物接线照片如图 4-34 所示。

图 4-32　单相电能表的接线桩

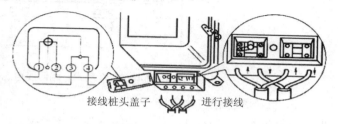

图 4-33　单相电能表的接线

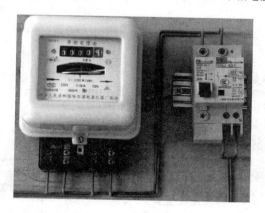

图 4-34　单相电能表的实物接线照片

② 直接式三相四线电能表的接线：直接式三相四线电能表共有 11 个接线桩，从左到右按 1 至 11 编号。其中，1、4、7 接线桩为电源相线的进线桩，用来连接从总熔断器盒下接线桩引出来的 3 根相线；3、6、9 接线桩为电源相线的出线桩，分别去接总开关的 3 个进线桩；10 接线桩为电源中心线的进线桩；11 接线桩为电源中心线的出线桩；2、5、8 接

线桩为空接线桩。直接式三相四线电能表的接线如图 4-35 所示。

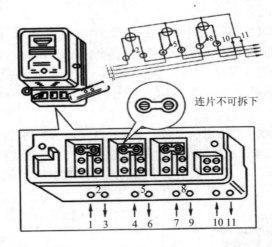

连片不可拆下

图 4-35　直接式三相四线电能表的接线

③ 直接式三相三线电能表的接线：直接式三相三线电能表共有 8 个接线桩，从左到右按 1 至 8 编号。其中，1、4、6 接线桩为电源相线的进线桩，3、5、8 接线桩为电源相线的出线桩，2、7 接线桩为空接线桩。直接式三相三线电能表的接线如图 4-36 所示。

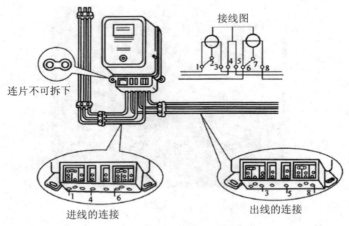

接线图

连片不可拆下

进线的连接　　　　　　出线的连接

图 4-36　直接式三相三线电能表的接线

2. 配电装置

低压用户的配电装置主要由总、分开关和总、分熔断器等组成。由一块电能表计费供电的全部电气装置(包括线路装置和用电装置)，应安装一套总的控制和保护装置，多数用户采用板列的安装形式，即配电板；但容量较大的用户采用的是配电柜，在此不作介绍。

1) 配电板的组成

较大容量的配电板通常由隔离开关、总开关、总熔断器及分路总开关、分路总熔断器等组成，系统图如图 4-37(a)所示。一般容量的配电板通常由总开关和总熔断器组成，系统图如图 4-37(b)所示。

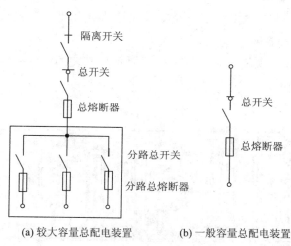

(a) 较大容量总配电装置　　　　(b) 一般容量总配电装置

图 4-37　配电板组成系统图

2) 配电板的作用

(1) 遇到重大事故发生时，能有效地切断整个电路的电源，以确保安全。

(2) 当线路或用电设备短路或严重过载而分路保护装置又失效时，能自动切断电源，防止故障蔓延。

(3) 当线路或重大设备进行大修需要断电时，能切断整个电路电源，以保证维修安全。

3) 配电板的安装规范

(1) 配电板应与电能表板装在一起，置于表板的右方或上方，如图 4-38 所示。

(2) 配电板上各种电气设备应安装在木板上，木板表面及四周边缘必须涂漆防潮。

(3) 配电板上的各种连接线必须明线敷设，中间不准有接头。

(4) 配电板上各种电气设备的规格尽可能统一，并应符合对容量及技术性能的要求。

【技能训练】

1. 技能训练器材

(1) 电工工具　1 套/组；

(2) 单相电能表、三相四线电能表　各 1 块/组；

(3) 熔断器、空气断路器　1 套/组；

(4) 75 cm × 55 cm 配电板　1 块/组；

(5) 护套线及护套线卡　1 套/组。

2. 技能训练内容及要求

提示：电能表在配电装置的左方或下方，电能表的接线是"左进右出"。

1) 照明及动力双回路配电板的安装

(1) 板面的布局设计。电能表和空气断路器要垂直安装，器件布局要合理，建议安装采纳图 4-38 所示的布局形式。

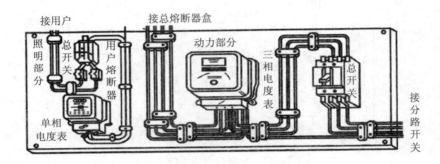

图 4-38　配电板的布局

(2) 器件的固定。用木螺钉直接将电能表和胶木刀开关固定在板上；截取一段长 60 mm 的导轨，用木螺钉固定在板上，然后将空气断路器卡入导轨上。

(3) 导线的布线与连接。参照电能表接线桩盖子上的接线图进行表线连接。走线方向相同的所有导线要密排直布，不许交叠，更不许交叉；整个板面布线要保持经线方向上垂直、纬线方向上平行；导线中间不准有接头，导线遇折弯时，应呈 90°直角；所有接点的连接要采用直压方式，保证接点接触良好。

2) 用单相电度表测量 2 个白炽灯(220 V，200 W)15 min 内所消耗的电能

(1) 设计并绘出测量电路图。

(2) 在断电的状态下按电路图接线。

(3) 通电，读出示数。

【技能考核评价】

本任务主要考核量配电装置的安装，本任务考核参照《中级维修电工国家职业技能鉴

定考核标准》执行，评分标准参考表 4-11。

表 4-11　考核内容及评分标准

考核内容	分值	评 分 标 准	扣分	得分
板面的布局设计	30 分	(1) 布局设计，10 分； (2) 器件的画线定位，10 分； (3) 导线的画线定位，10 分		
器件的固定	20 分	(1) 电能表的固定，5 分； (2) 胶木刀开关的固定，5 分； (3) 空气断路器的固定，5 分； (4) 线卡的固定，5 分		
导线的布线与连接	40 分	(1) 单相电能表的连接，15 分； (2) 三相四线电能表的连接，15 分； (3) 胶木刀开关的连接，5 分； (4) 空气断路器的连接，5 分		
安全文明操作	10 分	违反 1 次，扣 5 分		
定额时间	45 min	每超过 5 min，扣 5 分		
开始时间		结束时间	总评分	

习　　题

1. 简答题

(1) 简述塑料护套线配线时的注意事项。

(2) 简述安装开关、插座时的注意事项。

(3) 简述吸顶式照明灯具的安装方法。

(4) 简述日光灯启辉器的工作原理。

(5) 简述照明配电箱的施工要求。

(6) 日光灯由哪些部件组成？各部件的主要结构和作用是什么？

2. 拓展训练题

在专业老师的指导下，训练高强度气体放电光源(如高压钠灯、金属卤化物灯)的安装。

项目五 焊接工艺与操作

本项目主要介绍了电烙铁的选用、结构、工作原理，以及常用焊接材料的类型及焊接方法。要求熟练掌握电子元器件的焊接及拆焊方法，焊料、焊剂的选用，以及电烙铁的维护方法。

任务 电子元器件的焊接及拆焊训练

【任务引入】

在电工和电子技术实际应用中，经常会遇到元器件的焊接和拆焊操作，该技能是从事电工工作必备的基础技能。

【学习目标】

1. **知识目标**

(1) 了解电烙铁的结构和工作原理。

(2) 了解常用焊接材料的性能和特点。

(3) 学习焊料、焊剂的选用。

2. **技能目标**

(1) 熟练掌握使用电烙铁进行焊接。

(2) 熟练掌握各类电器元件的拆焊。

(3) 掌握电烙铁的维护方法。

【知识链接】

1. **电烙铁焊接技术**

1) *焊接基础知识*

利用加热或其他方法，使焊料与被焊接金属之间互相吸引、互相渗透，使金属之间牢固结合，这种方法称为焊接。焊接通常分为熔焊、钎焊及接触焊三种。在电子电气设备的装修中主要用钎焊。所谓钎焊，就是利用加热将焊料金属熔化成液态，把被焊固态金属连接在一起，并在焊接部位发生化学变化的焊接方法。在钎焊中起连接作用的金属材料称为钎料，也称为焊料。焊料的熔点应低于被焊接金属的熔点。

在电工和电子技术中，大量采用锡铅焊料进行焊接，这种焊接称为锡铅焊，简称锡焊。锡铅焊料堆积而形成焊点，如果被焊接的金属结合面清洁，那么焊料中的锡和铅原子会在热态下进入被焊接金属材料，使两被焊金属连接在一起，得到牢固可靠的焊点。要使被焊接金属与焊锡实现良好接触，应具备以下几个条件：

(1) 被焊接的金属应具有良好的可焊性。所谓可焊性是指在适当温度和助焊剂的作用下，在焊接面上，焊料原子与被焊金属原子互相渗透、牢固结合，生成良好的焊点。

(2) 被焊金属表面和焊锡应保持清洁接触。在焊接前，必须清除焊接部位的氧化膜和污物，否则容易阻碍焊接时合金的形成。

(3) 应选用助焊性能适合的助焊剂。助焊剂在熔化时，能熔解被焊接部位的氧化物和污物，增强焊锡的流动性，并能够保证焊锡与被焊接金属的牢固结合。

(4) 选择合适的焊锡。焊锡的选用，应能使其在被焊金属表面产生良好的浸润，使焊锡与被焊金属间熔为一体。

(5) 保证足够的焊接温度。足够的焊接温度一是能够使焊料熔化，二是能够加热被焊金属，使两者生成金属合金。

(6) 要有适当的焊接时间。焊接时间过短，不能保证焊接质量，过长会损坏焊接部位，如果是印制板会使焊接处的铜箔起泡。

2) 焊接技术要求

要获得良好的焊接，焊接技术是非常重要的，首先是对焊点应有如下要求：

(1) 焊点应可靠地连接导线，即焊点必须有良好的导电性能。

(2) 焊点应有足够的机械强度，即焊接部位须比较牢固，能承受一定的机械应力。

(3) 焊料适量。若焊点上的焊料过少，会影响焊点的机械强度和缩短焊点的使用寿命；若焊点上的焊料过多，不仅浪费，而且影响美观，还容易使不同焊点间发生短路。

(4) 焊点不应有毛刺、空隙和其他缺陷。在高频高压电路中，毛刺易造成尖端放电。一般电路中，严重的毛刺还会导致短路。

(5) 焊点表面必须清洁。焊接点表面的污垢，特别是有害物质，会腐蚀焊点、线路及元器件，焊完后应及时清除。

在焊接技术中，除了满足上述条件和对焊点的基本要求外，对焊接工具的要求，以及焊接中的操作要领及工艺要求，都是实现良好焊接所必不可少的。

2. 电烙铁的使用与维护

焊接必须使用合适的工具。目前在电子电气产品的焊接技术中，用电烙铁进行手工焊接仍占有极其重要的地位。因此电烙铁的正确选用与维护，是维修人员必须掌握的基础知识。

1）电烙铁的种类及结构

常用的电烙铁有外热式和内热式两大类，后来又研制出了恒温电烙铁和吸锡电烙铁。无论哪种电烙铁，它们的工作原理基本上都是相似的。对电烙铁要求热量充足、温度稳定、耗电少、效率高、安全耐用。

（1）外热式电烙铁。外热式电烙铁按功率大小有 25 W、45 W、75 W、100 W、150 W、200 W 和 300 W 等多种规格，外热式电烙铁的外形和内部结构如图 5-1 所示。

外热式电烙铁各部分的作用如下。

烙铁头：由紫铜制作，用螺钉固定在传热筒中，它是电烙铁用于焊接的工作部分。由于焊接面的要求不同，烙铁头可以做成不同的形状。

传热筒：为一铁质圆筒，内部固定烙铁头，外部缠绕电阻丝，它的作用是将发热器的热量传递到烙铁头。

烙铁芯：用电阻丝分层绕制在传热筒上，用云母作层间绝缘，其作用是将电能转化为热能，并加热烙铁头。

支架：木柄和铁壳为电烙铁的支架和壳体，起操作手柄的作用。

（2）内热式电烙铁。内热式电烙铁常见的规格有 20 W、30 W、35 W、50 W 等几种，外形和内部结构如图 5-2 所示，主要部分由烙铁头、发热元件、连接杆、胶木手柄等组成。

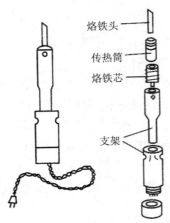

图 5-1　外热式电烙铁

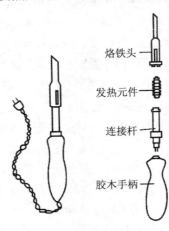

图 5-2　内热式电烙铁

由于它的发热元件装在烙铁头空腔内部，故称为内热式。

(3) 恒温电烙铁。恒温电烙铁是借助于电烙铁内部的磁控开关自动控制通电时间而达到恒温的目的。恒温电烙铁的优点是焊料不易被氧化，烙铁头不易过热损坏，更重要的是能防止元件过热损坏。

(4) 吸锡电烙铁。吸锡电烙铁的外形如图 5-3 所示。主要用于检修时拆换元件，操作时先用该电烙铁烙铁头加热焊点，待焊锡熔化后，按动吸锡装置，即可把焊锡吸走。

图 5-3　吸锡电烙铁

2) 电烙铁的选用

电烙铁的选用应掌握以下五个原则：

(1) 烙铁头的形状要适合被焊接物体的要求。常用的外热式电烙铁的头部大多制成錾子式样，而且根据被焊物面要求，錾式烙铁头头部角度有 45°、10°～25° 等，錾口的宽度也各不相同，如图 5-4(a)、(b)所示。对焊接密度较大的产品，可用如图 5-4(c)、(d)所示烙铁头。内热式电烙铁常用圆斜面烙铁头，适合于焊接印制线路板和一般焊点，如图 5-4(e)所示。在印制线路板的焊接中，采用如图 5-4 (f)所示的凹口烙铁头和如图 5-4(g)所示的空心烙铁头有时更为方便，但这两种烙铁头的维修较麻烦。

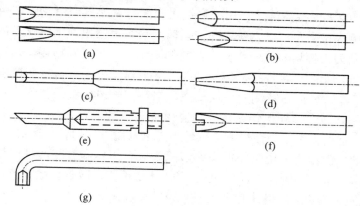

(a)

(b)

(c)

(d)

(e)

(f)

(g)

图 5-4　各种烙铁头外形

(2) 烙铁头顶端温度应能适应焊锡的熔点。通常这个温度应比焊锡熔点高 30～80℃，而且不应包括烙铁头接触焊点时下降的温度。

(3) 电烙铁的热容量应能满足被焊件的要求。热容量太小，温度下降快，使焊锡熔化不充分，焊点强度低，表面发暗无光泽，焊锡颗粒粗糙，甚至造成虚焊；热容量过大，会导致元器件和焊锡温度过高，不仅会损坏元器件和导线绝缘层，而且还可能使印制线路板铜箔起泡，焊锡流动性太大而难以控制。

(4) 烙铁头的温度恢复时间能满足被焊件的热要求。所谓温度恢复时间，是指烙铁头接触焊点温度降低后，重新恢复到原有最高温度所需要的时间。要使这个恢复时间适当，必须选择功率、热容量、烙铁头形状、长短等均适合的电烙铁。

(5) 对电烙铁功率的选择要求如下：

① 焊接较精密的元器件和小型元器件，宜选用 20 W 内热式电烙铁或 25～45 W 外热式电烙铁。

② 焊接连续焊点，应选用功率偏大的电烙铁。

③ 对大型焊点及金属底板的接地焊片，宜选用 100 W 及以上的外热式电烙铁。

3) 使用电烙铁的注意事项

(1) 使用前必须检查两股电源线和保护接地线的接头是否正确，否则会导致元器件损伤，严重时还会引起操作人员触电。

(2) 新电烙铁在初次使用时，应先对烙铁头搪锡。其方法是将烙铁头加热到适当温度后，用砂布(纸)擦去或用锉刀挫去氧化层，蘸上松香，然后浸在焊锡中来回摩擦，称为搪锡。电烙铁使用一段时间后，应取下烙铁头，去掉烙铁头与传热筒接触部分的氧化层，再装回，避免以后不能取下烙铁头。

(3) 烙铁头应经常保持清洁。使用中烙铁头表面有氧化层或污物，应用石棉毡等织物擦去，否则会影响焊接质量。烙铁头工作一段时间后，还会出现因氧化不能上锡的现象，这时应用锉刀或刮刀去掉烙铁头工作面黑灰色的氧化层，再重新搪锡。烙铁头使用过久，还会出现腐蚀凹坑，影响正常焊接，应用榔头、锉刀对其整形，再重新搪锡。

(4) 电烙铁工作时要放在特制的烙铁架上，烙铁架一般应置于工作台右上方，烙铁头部不能超出工作台，以免烫伤工作人员或其他物品。

(5) 焊接时，宜用松香或中性焊剂，因酸性焊剂易腐蚀元器件、印制线路板烙铁头。

(6) 电烙铁的故障处理。电烙铁的电路故障一般有短路和开路两种。如果用万用表检查电源插头两插脚之间的电阻，阻值将趋于零，就是短路，应查出故障点，然后排除；如果两接线桩间电阻无穷大，当烙铁芯引线与接线桩接触良好时，一定是烙铁芯电阻丝断路，应更换烙铁芯。

3. 焊料、焊剂的选用及焊接

1) 焊料的选用

电烙铁钎焊的焊料因锡铅和其他金属所占比例不同而分为多种牌号，锡铅焊料的性能和用途是不同的，在焊接中应根据被焊件的不同要求去选用，选用时应考虑如下因素：

(1) 焊料必须适应被焊接金属的性能，即所选焊料应能与被焊金属在一定温度和助焊剂作用下生成合金。

(2) 焊料的熔点必须与被焊金属的热性能相适应，焊料熔点过高或过低都不能保证焊接质量。焊料熔点过高，使被焊元器件、印制线路板焊盘或接点无法承受；焊料熔点过低，助焊剂不能充分活化起助焊作用，被焊件的温升也达不到要求。

(3) 由焊料形成的焊点应能保证良好的导电性能和机械强度。

2) 焊剂的选用

金属在空气中，特别是在加热的情况下，表面会生成一层薄氧化膜，阻碍焊锡的浸润，影响焊接点合金的形成。而采用焊剂(又称助焊剂)能改善焊接性能，因为焊剂有破坏金属氧化层使氧化物漂浮在焊锡表面的作用，有利于焊锡的浸润和焊点合金的生成；焊剂又能覆盖在焊料表面，防止焊料或金属继续氧化；焊剂还能增强焊料金属表面的活性，进一步增加浸润能力。但若对焊剂选择不当，则会直接影响焊接质量。选用焊剂除了考虑被焊金属的性能及氧化、污染情况外，还应从焊剂对焊接物面的影响，如焊剂的腐蚀性、导电性及对元器件损坏的可能性等全面考虑。所以选用焊剂应遵循：

(1) 对铂、金、银、锡及以它们作为表面的其他金属，可焊性较强，宜用松香酒精溶液作焊剂。

(2) 由于铅、黄铜、铍青铜及镀镍层的金属焊接性能较差，应选用中性焊剂。

(3) 对板金属，可选用无机系列焊剂，如氯化锌和氯化铵的混合物，这类焊剂有很强的活性，对金属的腐蚀性强，焊接后需要清洁，一般情况下不要使用此类焊剂。

(4) 焊接半密封器件，必须选用焊接后残留物无腐蚀的焊剂。几种常用焊剂配方如表5-1 所示。

表 5-1　常用焊剂配方

名　　称	配　　方
松香酒精焊剂	松香 15～20 g，无水酒精 70 g，澳化水杨酸 9～15 g
中性焊剂	凡士林(医用)100 g，三乙醇胺 10 g，无水酒精 40 g，水杨酸 10 g
无机焊剂	氧化锌 40 g，氯化铵 5 g，盐酸 5 g，水 50 g

3) 电烙铁焊接技术

(1) 手工焊接技术：

① 焊接时的姿势和手法。焊接工作一般为坐着焊，工作台和座椅的高度要适当，挺胸端坐，操作者鼻尖与烙铁头的距离应在 20 cm 以上。然后要选好烙铁头的形状和适当的握法。电烙铁的握法一般有三种：第一种是握笔式，如图 5-5(a)所示，这种握法使用的烙铁头一般是直行的，适用于小功率电烙铁对小型电子电气设备及印制线路板的焊接；第二种是正握式，如图 5-5(b)所示，用于弯头烙铁的操作或直烙铁头在机架上的焊接；第三种是反握式，如图 5-5(c)所示，这种握法动作稳定，适用于大功率电烙铁对热容量大的工件的焊接。

② 焊锡丝的拿法。先将焊锡丝拉直并截成 1/3 m 左右的长度，用不拿烙铁的手握住，配合焊接的速度和焊锡丝头部熔化的快慢适当向前送进。焊锡丝的拿法有两种，如图 5-6 所示，操作者可以根据自己的习惯选用。

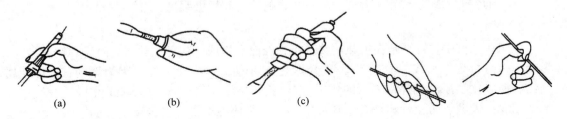

图 5-5　电烙铁的三种握法　　　　　　图 5-6　焊锡丝的拿法

③ 焊接面上焊前的清洁和搪锡。焊接前应先清除焊接面上的绝缘层、氧化层及污物，直到完全露出紫铜表面，其上不留一点污物为止。有些镀金、镀银或镀锡的基材，由于基材难以上锡，所以不能把镀层刮掉，只能擦去表面污物。焊接面清洁处理后，应尽快搪锡，以免表面重新氧化。搪锡前应先在焊接面上涂上焊剂。

对扁平集成电路引线，焊前一般不作清洁处理，但焊接前应妥善保存，不要弄脏引线。

焊接面的清洁和搪锡是确保焊接质量，避免虚焊、假焊的关键。假焊和虚焊，主要是由焊接面上的氧化层和污物造成的。

④ 掌握焊接温度和时间。不同的焊接对象，要求烙铁头的温度不同。焊接导线接头，工作温度可在 300～480℃ 之间；焊接印制线路板上的元件，一般以 430～450℃ 为宜；焊接细线条印制线路板和极细导线，温度应在 290～370℃ 为宜；在焊接热敏元件时，其温度至少要 480℃，才能保证焊接时间尽可能短。

电源电压 220 V，20 W 烙铁头的工作温度为 290～400℃，45 W 烙铁头的工作温度为 400～510℃。可以选择适当瓦数的烙铁，使其焊接时在 3～5 s 内焊点即可达到要求的温度，而且在焊完时，热量也不致大量散失，这样才能保证焊点的质量和元器件的安全。

⑤ 恰当掌握焊点形成的火候。焊接时不要将烙铁头在焊点上来回磨动，应将烙铁头搪锡面紧贴焊点，等到焊锡全部熔化表面光滑后，迅速将烙铁头移开，这时焊锡不会立即凝固。保持焊件不动，直到形成光滑的焊点，否则焊锡会凝成砂粒状或造成焊接不牢固而形成虚焊。

(2) 焊接步骤。对热容量稍大的焊件，可以采用五步操作法：

① 准备。将被焊件、电烙铁、焊锡丝、烙铁架、焊剂等放在工作台上便于操作的地方，加热并清洁烙铁头工作面，搪上少量焊锡，如图 5-7 (a)所示。

② 加热被焊件。将烙铁头放置在焊接点上，对焊点加温；烙铁头工作面搪有焊锡，可加快升温速度，如图 5-7(b)所示。如果一个焊点上有两个以上元件，应尽量同时加热所有

被焊件的焊接部位。

③ 熔化焊料。焊点加热到工作温度时，立即将焊锡丝触到被焊件的焊接面上，如图 5-7(c)所示。焊锡丝应对着烙铁头的方向加入，但不能直接触到烙铁头。

④ 移开焊锡丝。当焊锡丝熔化适量后，应迅速移开，如图 5-7(d)所示。

⑤ 移开电烙铁。在焊点已经形成，但焊剂尚未挥发完之前，迅速将电烙铁移开，如图 5-7(e)所示。

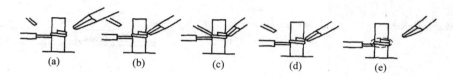

图 5-7　五步操作法

对于热容量较小的焊件，可将上述五步操作法简化成三步操作法：准备；同时加热被焊件和焊锡丝；同时移开电烙铁和焊锡丝。

4) 常用元件的实际焊接

(1) 一般结构的焊接。对于一般结构，焊接前焊点的连接方式有网绕、钩接、插接和搭接四种形式，如图 5-8 所示。采用这四种连接方式的焊接依次为网焊、钩焊、插焊和搭焊。四种连接方式中，网绕较复杂，其操作步骤如图 5-9 所示。

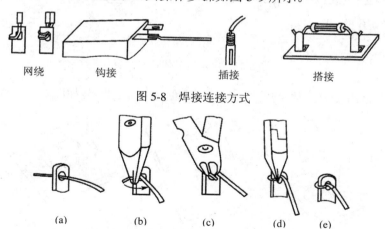

网绕　　　　钩接　　　　　　插接　　　　　搭接

图 5-8　焊接连接方式

(a)　　　(b)　　　(c)　　　(d)　(e)

图 5-9　网绕步骤

(2) 印制线路板上元器件的安装方法。

① 一般焊件的安装方法。一般焊件主要指阻容元件、二极管等，通常有立式和卧式两种安装方法。如图 5-10 所示，立式和卧式安装还有加套管和不加套管、加衬垫与不加衬垫之分。

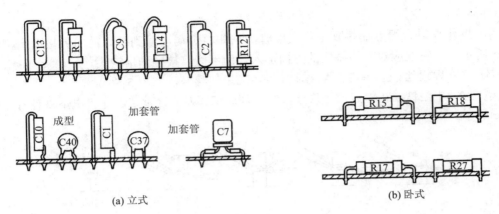

(a) 立式　　　　　　　　　(b) 卧式

图 5-10　立式和卧式安装法

② 小功率二极管、晶体管的安装。小功率二极管的安装方法如图 5-11(a)所示，小功率晶体管在印制线路板上的安装有正装、倒装、卧装、横装及加衬垫装等方式，如图 5-11(b)所示。

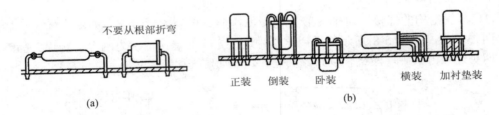

　　(a)　　　　　　　　　　　　　(b)

图 5-11　小功率晶体管的安装

③ 集成电路的安装。常见集成电路在印制线路板上的安装如图 5-12 所示。

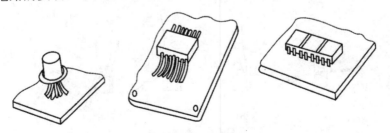

图 5-12　集成电路的安装

(3) 印制线路板上的焊接步骤。在印制线路板上焊接一般元器件、二极管、晶体管、集成电路的步骤与前面所述电烙铁焊接的五步操作法和三步操作法基本相同，只是在焊接集成电路时，由于是密集焊点焊接，烙铁头应选用尖形，焊接温度以 230℃±10℃为宜。

焊接时间要短；应严格控制焊料与焊剂的用量，烙铁头上只需少量焊锡，在元器件引线与接点之间轻轻点牢即可。

另外，在焊接集成电路时，应将烙铁外壳妥善接地或将外壳与印制线路板公用接地线用导线连接，也可拔下电烙铁的电源插头趁热焊接，这样可以避免因电烙铁的绝缘不好使外壳带电或内部发热器对外壳感应出电压而损坏元件。电烙铁手工焊接过程可以归纳成八个字："一刮、二镀、三测、四焊"。"刮"是指被焊件表面的清洁工作，有氧化层的要刮去，有油污的可擦去；"镀"是对被焊部位的搪锡；"测"是指对搪锡受热后的元件重新检测，看它在焊接高温下是否会变质；"焊"是指最后把测试合格的、已完成上述三个步骤的元器件焊接到电路中。

4. 拆焊技术

在装配与修理中，有时需要将已经焊接的连线或元器件拆除，这个过程就是拆焊。在使用操作上，拆焊比焊接难度更大，更需要用恰当的方法和必要的工具，才不会损坏元器件或破坏原焊点。

1) 拆焊工具

(1) 吸锡器。吸锡器是用来吸取焊点上存锡的一种工具。它的形式有多种，常用的球形吸锡器如图 5-13 所示。此外，常用的还有管形吸锡器，其吸锡原理与医用注射器类似。

(2) 排锡管。排锡管是使印制线路板上元件引线与焊盘分离的工具。它实际上是一根空心不锈钢管，如图 5-14 所示。操作时，将针孔对准焊点上元器件引线，待烙铁将焊锡熔化后，迅速将针头插入印制线路板元件插孔内，同时左右转动，移开电烙铁，使元件引线与焊盘分离。

图 5-13　球形吸锡器　　　　　　　　　　　图 5-14　排锡管

(3) 吸锡电烙铁。吸锡电烙铁是手工拆焊中最为方便的工具之一，如图 5-3 所示。

(4) 镊子。以端头尖细的最为适用。拆焊时，可用它来夹持元件引脚或挑起元件引脚。

(5) 捅针。可用注射用空针改制，样式与排锡管相同。在拆焊后的印制线路板焊盘上，往往有焊锡将元器件引线插孔封住，这就需用电烙铁加热，并用捅针捅开和清理插孔，以便重新插入元器件。

2) 一般焊接点的拆除

对于钩焊、搭焊和插焊的一般焊接点，拆焊比较简单，只需用电烙铁对焊点加热，熔化焊锡，然后用镊子或尖嘴钳拆下元器件引线即可。对于网焊，由于在焊点上连线缠绕牢固，拆卸比较困难，往往容易烫坏元器件或导线绝缘层。在拆除网焊焊点时，一般可在离焊点约 10 mm 处将欲拆元件引线剪断，然后再拆除网焊线头，这样至少可保证不会将元器件或引线绝缘层烫坏。

3) 印制线路板上焊接件的拆焊

对印制线路板上焊接元器件的拆焊，与焊接一样，动作要快，对焊盘加热时间要短，否则将会烫坏元器件或导致印制线路板铜箔起泡剥离。根据被拆除对象的不同，常用的拆焊方法有分点拆焊法、集中拆焊法和间断加热拆焊法三种。

(1) 分点拆焊法。印制线路板上的电阻、电容、普通电感、连接导线等，只有两个焊点，可用分点拆焊法，先拆除一端焊接点的引线，再拆除另一端焊接点的引线并将元件(或导线)取出。

(2) 集中拆焊法。集成电路、中频变压器、多引线接插件等的焊点多而密，转换开关、晶体管及立式装置的元器件等的焊点距离很近，对上述元器件可采用集中拆焊法，先用电烙铁和吸锡工具，逐个将焊接点上的焊锡吸去，再用排锡管将元器件引线逐个与焊盘分离，最后将元器件拔下。

(3) 间断加热拆焊法。对于有塑料骨架的元器件，如中频变压器、线圈、行输出变压器等，它们的骨架不耐高温，且引线多而密集，宜采用间断加热拆焊法。拆焊时，先用电烙铁加热，吸去焊接点焊锡，露出元器件引线轮廓，再用镊子或捅针挑开焊盘与引线间的残留焊料，最后用烙铁头对引线未挑开的个别焊接点加热，待焊锡熔化时，趁热拔下元器件。

【技能训练】

1. 技能训练器材

技能训练目所需设备、工具、材料见表 5-2。

表 5-2　技能训练所需设备、工具、材料

名　称	型号或规格	数量	名　称	型号或规格	数量
普通电烙铁、吸锡电烙铁、吸锡器、针头		1 套	万用表		1 个
电工工具		1 套	焊接用万能板		若干
焊接用元件		若干			

2．技能训练步骤及要求

（1）检查电烙铁的好坏，用万用表测试电烙铁插头的电阻，如果开路则不能使用，如果短路则更不能使用，需要更换电烙铁。对于开路的情形，可以更换烙铁芯，要按照一定的步骤来拆卸电烙铁：先将电烙铁手柄上的螺钉松开，再旋出手柄，然后更换烙铁芯。

（2）万能板上焊接元件的安装及整形工艺，同时对已经焊接好的元件用拆焊工具拆焊，比如用吸锡器、捅针等拆焊。

整理实训操作结果，按标准写出实训报告。

【技能考核评价】

实训技能考核评分标准见表5-3。

表 5-3　实训考核标准表

考核项目	考核内容	分值	考核要求及评分标准	得分
电烙铁使用前的检查	电烙铁的测试	20分	能够正确测试电烙铁的好坏	
坏烙铁芯的更换	更换烙铁芯	20分	能够按照正确步骤更换	
元件的整形和焊接	元件焊接	20分	能够将元件布置在万能板上并进行焊接	
元件的拆焊	元件拆焊	20分	教师掌握	
安全文明意识	正确使用设备和工具，无操作不当引起的事故	10分	教师掌握	
完成实训报告	能够正确完成实训报告	10分	教师掌握	

习　　题

1．简答题

（1）电烙铁在使用前如何搪锡？

（2）如何正确焊接元件？

（3）如何快速拆焊元件？

（4）如何检查修理电烙铁？

2．拓展训练题

能够在万能板上装配一个调频收音机，要求布线美观，焊接良好，能够收到电台信号。

项目六　继电-接触器基本控制电路的安装与维修

国家职业标准技能内容与要求：初级工能够选用电气元件及导线规格，能够按图样要求进行配电板的配线及电气安装工作，能够校验、调整专用继电器。中级工能够按图样要求进行较复杂机械设备的主、控线路配电板的配线(包括选择电气元件、导线等)，以及设备的电气安装工作。

继电-接触器基本控制电路是指用继电器、接触器等有触点低压电器对三相异步电动机实行启动、运行、停止、正反转、调速、制动等自动化拖动控制的各种单元电路。这些单元电路在生产实际中经过验证，已经成为电气控制技术的经典电路。熟练掌握这些电路，是阅读、分析、安装、维修复杂生产机械控制电路的基础。

任务1　点动控制电路的安装与维修

【任务引入】

在港口、码头和大型企业中常常用到起重机，起重机在吊重物时需要点动控制单向运行；此外，在机床加工时溜板箱控制以及对刀时也需要点动控制和单向运行控制。本任务通过对点动控制电路的学习，使学生开始认识和熟悉电气控制基本环节，掌握点动控制电路的安装、接线与调试方法。

【学习目标】

1. 知识目标

(1) 了解电气控制系统图的电气原理图、电器布置图及电器安装接线图。

(2) 了解电气控制系统图的图形符号、文字符号及绘制原则。

(3) 了解点动控制过程，掌握电路工作原理。

(4) 熟悉点动控制电路的电气原理图、电器布置图及电器安装接线图。

(5) 掌握点动控制电路的安装、接线与调试方法。

2. 技能目标

能根据相关图纸文件完成点动控制电路的安装、接线与调试。

【知识链接】

1. 电气控制系统图

常见的电气控制系统图主要有电气原理图、电器布置图、电器安装接线图 3 种。

1) 电气控制系统图的图形符号和文字符号

电气控制系统图是电气控制电路的通用语言。为了掌握引进的先进技术和设备，加强国际交流和满足国际市场的需要，国家标准化管理委员会参照国际电工委员会(IEC)颁布的相关文件，颁布了一系列新的国家标准，主要有《GB/T 4728－2005/2008 电气简图用图形符号》、《GB/T 698.8.1—2006/2008 电气技术用文件的编制》、《GB/T 50941－2002/2003/2005 工业系统、装置与设备以及工业产品结构原则与参照代号》等。国家规定，为了便于交流与沟通，绘制电气控制系统图时，所有电气元件的图形符号和文字符号都必须符合最新国家标准的规定。

图形符号是用来表示一个设备或概念的图形、标记或字符。符号要素是一种具有确定意义的简单图形，必须同其他图形组合而构成一个设备或概念的完整符号。文字符号用以标明电路中的电气元件或电路的主要特征，数字标号用以区别电路的不同线段。

2) 电气原理图

电气原理图也称为电路图，是根据电路工作原理绘制的，它表示电流从电源到负载的传送情况、电气元件的动作原理、所有电气元件的导电部件和接线端子之间的相互关系。通过它可以很方便地研究和分析电气控制电路，了解控制系统的工作原理。电气原理图并不表示电气元件的实际安装位置、实际结构尺寸和实际配线方法。

电气原理图绘制的基本原则如下：

(1) 电气控制电路根据电路通过的电流大小可分为主回路和控制回路。主回路包括从电源到电动机的电路，是强电流通过的部分，用粗实线绘制在图面的左侧或上部；控制回路是通过弱电流的电路，一般由按钮、电气元件的线圈、接触器的辅助触点、继电器的触点等组成，用细实线绘制在图面的右侧或下部。

(2) 电气原理图应按国家标准所规定的图形符号、文字符号和回路标号绘制，在图中各电气元件不画实际的外形图。

(3) 各电气元件和部件在电气原理图中的位置，要根据便于阅读的原则来安排。同一电气元件的各个部件可以不画在一起，但要用同一文字符号标出。若有多个同一种类的电气元件，可在文字符号后加上数字符号，如 KM_1、KM_2 等。

(4) 在电气原理图中，控制回路的分支电路，原则上应按照动作的先后顺序排列。表示需要测试和拆、接外部引出线的端子，应用符号"空心圆"。

(5) 所有电气元件的图形符号，必须按电器未接通电源和没有受外力作用时的状态绘制，当电器触点的图形符号垂直放置时，以"左开右闭"的原则绘制，即垂线左侧的触点为常开触点，垂线右侧的触点为常闭触点；当电器触点的图形符号水平放置时，以"上开下闭"的规则绘制，即水平线上方的触点为常开触点，水平线下方为常闭触点。

(6) 电气原理图中电气元件应按功能布置，一般按动作顺序从上到下、从左到右依次排列。垂直布置时，类似项目应横向对齐；水平布置时，类似项目应纵向对齐。所有的电动机图形符号应横向对齐。

(7) 在电气原理图中，所有电气元件的型号、用途、数量、文字符号、额定数据，用小号字体标注在其图形符号的旁边，也可填写在电气元件清单中。

根据电气原理图绘制的基本原则，观察图 6-1 所示的某车床的电气原理图。此电气原理图分为交流主回路、交流控制回路、交流辅助电路 3 个部分，电路结构清晰、一目了然。

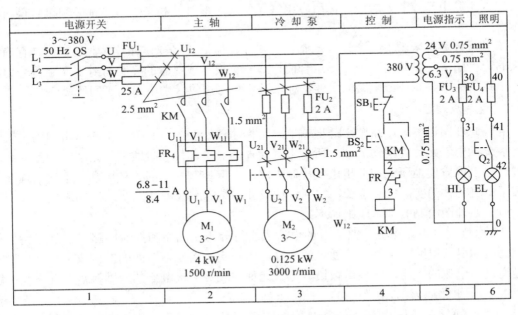

图 6-1　某车床的电气原理图

3) 电器布置图

电器布置图表示各种电气设备或电气元件在机械设备或控制柜中的实际安装位置，为机械电气控制设备的改造、安装、维护、维修提供必要的资料。

电气元件要放在控制柜内，各电气元件的安装位置是由机床的结构和工作要求而决定的。图 6-2 所示为某车床的电器布置图。

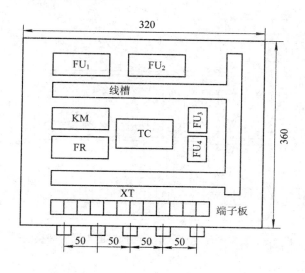

图 6-2　某车床的电器布置图

4) 电器安装接线图

电器安装接线图是按照各电气元件实际相对位置绘制的接线图，根据电气元件布置最合理和连接导线最经济来安排。它清楚地表明了各电气元件的相对位置和它们之间的电路连接，还为电气元件之间进行配线及检修电气故障等提供了必要的依据。电器安装接线图中的图形符号和文字符号应与电气原理图中的符号一致，同一电气元件的所有带电部件应画在一起，各个部件的布置应尽可能符合这个电气元件的实际情况，比例和尺寸应根据实际情况而定。绘制安装接线图应遵循以下几点：

(1) 用规定的图形符号、文字符号绘制各电气元件，电气元件所占图面要按实际尺寸以统一比例绘制，应与实际安装位置一致。

(2) 同一电气元件的所有带电部件应画在一起，并用点画线框起来，采用集中表示法。

(3) 各电气元件的图形符号和文字符号必须与电气原理图一致，而且必须符合国家标准。

(4) 绘制电器安装接线图时，走向相同的多根导线可用单线表示。

(5) 绘制接线端子时，各电气元件的文字符号及端子排的编号应与电气原理图一致，并按电气原理图接线进行连接。各接线端子的编号必须与电气原理图上的导线编号相一致。图 6-3 为笼型异步电动机正反转控制的电器安装接线图。

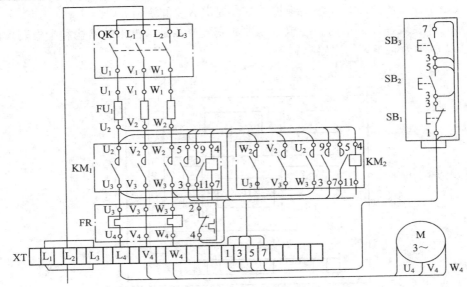

图 6-3 笼型异步电动机正反转控制的电器安装接线图

2. 电气装配工艺要求

电气装配工艺包括安装工艺和配线工艺。

1) 电器安装工艺要求

这里主要介绍电器箱内或电器板上的安装工艺要求。对于定型产品，一般必须按电器布置图、电器安装接线图和工艺的技术要求去安装电气元件，要符合国家或企业标准化要求。当然，允许有不同的布局安排方案。一般应注意以下几点：

(1) 仔细检查各电气元件是否良好，规格、型号等是否符合要求。

(2) 刀开关和空气开关都应垂直安装，合闸后手柄应向上指，分闸后手柄应向下指，不允许平装或倒装；受电端应在开关的上方，负载侧应在开关的下方，保证分闸后闸刀不带电，组合开关安装时应使手柄旋转在水平位置为分断状态。

(3) RL 系列熔断器的受电端应为其底座的中心端。RT0、RM 等系列熔断器应垂直安装，其上端为受电端。

(4) 带电磁吸引线圈的时间继电器应垂直安装，保证使继电器断电后，动铁芯释放后的运动方向符合重力垂直向下的方向。

(5) 各电气元件安装位置要合理，间距要适当，便于维修查线和更换电气元件；电气元件安装要整齐、匀称、平整，使整体布局科学、美观、合理，为配线工艺提供良好的基础条件。

(6) 电气元件的安装要松紧适度，保证既不松动，也不因过紧而损坏电气元件。

(7) 安装电气元件要使用适当的工具，禁止使用不适当的工具安装或敲打式安装。

2) 板前配线的工艺要求

板前配线是指在电器板正面明线敷设，完成整个电路连接的一种配线方法。这种配线方式的优点是便于维护、维修和查找故障，要求讲究整齐美观，因而配线速度稍慢。一般应注意以下几点：

(1) 把导线拉直、拉平，去除小弯。

(2) 配线尽可能短，用线要少，要以最简单的形式完成电路连接。符合同一个电气原理图的实际配线方案会有多种，在具备同样控制功能的条件下，"以简为优"。

(3) 排线要求横平竖直、整齐美观。变换走向应垂直变向，杜绝行线歪斜。

(4) 主、控回路在空间的平面层次不宜多于 3 层。同一类导线，要同层密排或间隔均匀，除短的行线外，一般要紧贴敷设面走线。

(5) 同一平面层次的导线应高低一致，前后一致，避免交叉。

(6) 对于较复杂的线路，宜先配控制回路，后配主回路。

(7) 线段剥皮的长短要适当，并且保证不伤线芯。压线必须可靠，不松动，既不要压线过长而压到绝缘皮，也不要露导体过多。电气元件的接线端子，应该直接压线的必须用直接压线法，该做羊眼圈压线的必须围圈压线，并避免反圈压线。一个接(压)线端子上要避免"一点压三线"。

(8) 盘外电器与盘内电器的连接导线，必须经过接线端子板压线。

(9) 主、控回路线头均应套装线头码(回路编号)，以便于装配和维修。

(10) 布线一般以接触器为中心，按由里向外、由低到高、先控制回路后主电路的顺序进行，以不妨碍后续布线为原则。

3) 槽板配线的工艺要求

槽板配线是采用塑料线槽板作为通道，除电气元件接线端子处一段引线暴露外，其余行线隐藏于槽板内的一种配线方法。它的特点是配线工艺相对简单，配线速度较快，适合于某些定型产品的批量生产配线，但线材和槽板消耗较多。工作中应注意以下几点要求：

(1) 根据行线多少和导线截面积，估算和确定槽板的规格、型号。配线后，宜使导线占用槽板内空间容积约 70%。

(2) 规划槽板的走向，并按合理尺寸裁割槽板。

(3) 槽板换向应拐直角弯，衔接方式宜用横、竖各 45°角对插方式。

(4) 槽板与电气元件的间隔要适当，以方便压线和换件。

(5) 安装槽板要紧固可靠，避免敲打而引起破裂。

(6) 所有行线的两端，应无一遗漏地、正确地套装与电气原理图一致编号的线头码。

(7) 应避免槽板内的行线过短而拉紧，应留有少量裕度，并尽量减少槽内交叉。

(8) 穿出槽板的行线，应尽量保持横平竖直、间隔均匀、高低一致，避免交叉。

3. 电气识图的基本方法

(1) 结合电工基础知识识图。在实际生产的各个领域中，所有电路如输变配电、电力拖动和照明等，都是建立在电工基础理论之上的。因此，要想准确、迅速地看懂电气图，必须具备一定的电工基础知识。

(2) 结合电气元件的结构和工作原理识图。电路中有各种电气元件，如配电电路中的负荷开关、自动空气开关等；电力拖动电路中常用的各种继电器、接触器和各种控制开关等；电子电路中的各种二极管、三极管、晶闸管等。因此，在识读电气图时，首先应了解这些元器件的性能、结构、工作原理、相互控制关系以及在整个电路中的地位和作用。

(3) 结合典型电路识图。典型电路就是常见的基本电路，如电动机的启动、制动、正反转控制、过载保护电路，时间控制、顺序控制、行程控制电路，晶体管整流电路，振荡电路和放大电路，晶闸管触发电路等。不管多么复杂的电路，几乎都是由若干基本电路所组成的。因此，熟悉各种典型电路，在识图时就能迅速地分清主次环节，抓住主要矛盾，从而看懂较复杂的电路图。

(4) 结合有关图纸说明识图。凭借所学知识阅读图纸说明，有助于了解电路的大体情况，便于抓住看图的重点，达到顺利识图的目的。

(5) 结合电气图的制图要求识图。电气图的绘制有一些基本规则和要求，这些规则和要求是为了加强图纸的规范性、通用性和示意性而提出的。可以利用这些制图的知识准确识图。

结合典型线路分析电路，即按功能的不同分成若干局部电路。如果电路比较复杂，就可将与控制系统关系不大的照明电路、显示电路、保护电路等辅助电路暂时放在一边，先分析主要功能，再集零为整。结合基础理论分析电路，任何电气控制系统无不建立在所学的基础理论上，如电机的正反转、调速等是同电机学相联系的；交直流电源、电气元件以及电子线路部分又是和所学的电路理论及电子技术相联系的。应充分应用所学的基础理论分析电路及控制线路中元件的工作原理。

具体地说，电气原理图分析的一般步骤如下：

第一，看电路图中的说明和备注，有助于了解该电路的具体作用。

第二，划分电气原理图中主电路、控制电路、辅助电路、交流电路和直流电路。

第三，从主电路着手，根据每台电动机和执行器件控制要求去分析控制功能。分析主电路时，采用从下往上的原则，即从用电设备开始，经控制元件，依次往电源看；分析控制电路时，采用从上往下、从左往右的原则，将电路化整为零，分析局部功能。

第四，分析辅助控制电路、联锁保护环节等。

最后，将各部分归纳起来全面掌握。

4. 点动控制电路

在日常生产中，很多生产机械根据生产工艺需要有时要进行调整运动，如机床的对刀调整、快速进给、控制电动葫芦等。为实现这种调整，应对拖动电动机实行点动控制，使电动机短时转动。点动控制电路电气原理图如图 6-4 所示，其工作原理如下。

启动过程：合上 QS，按下按钮 SB→接触器 KM 的线圈得电→接触器 KM 的主触点闭合→电动机 M 接通三相电源启动并运行。

停止过程：松开按钮 SB→接触器 KM 的线圈失电→接触器 KM 的主触点断开→电动机 M 脱离三相电源停止运行。

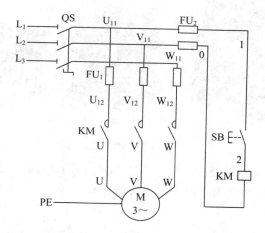

图 6-4　点动控制电路电气原理图

1) 按钮

图 6-5 是 LA 系列部分按钮的外形图。

图 6-5　部分按钮外形图

主令电器用途：LA4 系列按钮适用于交流 50 Hz、额定工作电压至 380 V，或直流工作电压至 220 V 的工业控制电路中，在磁力启动器、接触器、继电器及其他电器线路中，主要作远程控制之用。按钮的图形符号及文字符号如图 6-6 所示。

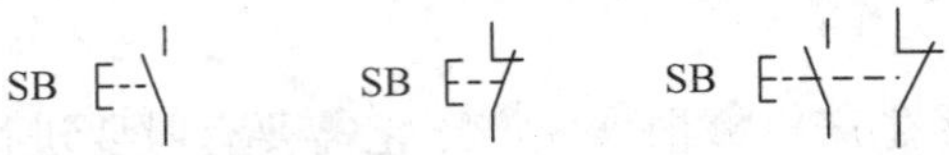

SB E--⌐| 　　SB E-⌐| 　　SB E-⌐-|

(a) 常开触点　　　(b) 常闭触点　　　(c) 复合触点

图 6-6　按钮的图形符号

2) 接触器

图 6-7 所示为 CJT1 系列接触器的外形图。

图 6-7　CJT1 系列接触器外形图

用途：CJT1 系列交流接触器主要用于交流 50 Hz(或 60 Hz)，额定工作电压至 380 V 的电路中，主要作接通和分断电路之用。图形符号及文字符号符号如图 6-8 所示。

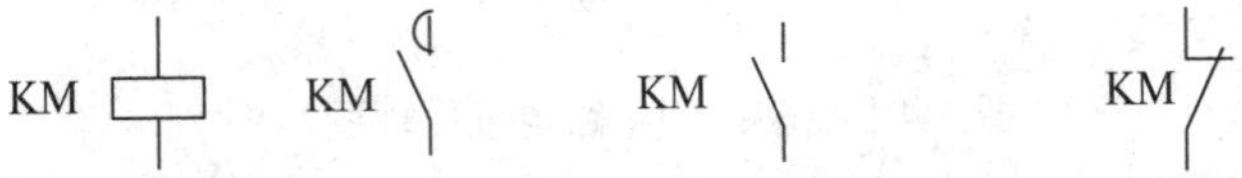

KM ▭ 　　KM ⌐| 　　KM ⌐| 　　KM ⌐|

(a) 线圈　　(b) 主触头　　(c) 辅助常开触头　　(d) 辅助常闭触头

图 6-8　接触器的符号

接触器使用寿命的长短，不仅取决于产品本身的技术性能，而且与使用维护是否符合要求有很大关系，所以在运行中应对接触器进行定期保养，以延长使用寿命和确保安全。

3) 熔断器

RL1 系列螺旋式熔断器适用于交流额定电压至 500 V、额定电流至 200 A 的电路中，在控制箱、配电屏和机床设备的电路中，主要作短路保护之用。图 6-9 为 RL1 系列螺旋式熔断器的外形图。

图 6-9 RL1 系列螺旋式熔断器的外形图

【知识链接】

1. 技能训练器材

(1) 钢丝钳、尖嘴钳、剥线钳、电工刀 1 套/组；

(2) 接线板、万用表 1 套/组；

(3) 任务所需的电气元件。

2. 技能训练内容及要求

(1) 进行电气识图训练。对本任务的电路原理图进行分析，掌握识图方法。

(2) 本任务使用的是 380 V 交流电电源，所以在通电试车时，必须保证有人监护；在实际工程控制中，按钮 SB 与开关 QS 不安装在电器板上，本任务考虑到实际布线工艺，将 SB 和 QS 布置在控制板上。

① 检查电气元件。检查电气元件额定参数是否符合控制要求；检查电气元件的外观有无裂纹、接线桩有无生锈、零部件是否齐全等；检查电磁机构及触点情况，即线圈有无断线或短路情况，触点是否有油污及磨损情况；检查电气元件动作情况，通过手动方式闭合电磁机构及触点检查动作是否灵活、触点闭合与断开情况等。

要求：列出电气元件名称、型号、规格及数量，检查、筛选电气元件，填入表 6-1 中。

表 6-1 电气元件及设备清单

代号	名 称	型 号	规 格	数量
M	三相笼型异步电动机	Y-112M-4	4 kW、380 V、8.8 A、1420 r/min	1

② 绘制电器布置图及电器安装接线图。根据电气元件实际情况，确定电气元件位置，电气元件布置要整齐、合理，绘制电器布置图如图 6-10 所示(供参考)；绘制电器安装接线图，正确标注线号，如图 6-11 所示(供参考)。

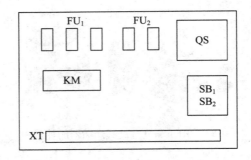

图 6-10　点动控制电路电器布置图

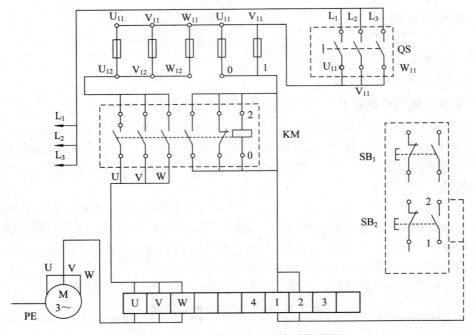

图 6-11　点动控制电路电器安装接线图

要求：保证图面正确性，无漏画、错画现象；电气元件布置要整齐、合理。

③ 安装与接线。根据电器布置图 6-10 安装固定电气元件，紧固程度要适当，即不松动又不损毁电气元件；接图 6-11 逐段接线并核对，布线要平直、整齐、紧贴板面，走线合理，接点不松动，导线中间无接头，尽量避免交叉。交流电源开关、熔断器和控制按钮的端子必须采用顺时针羊眼圈压线法，接触器的触点及端子排必须采用直接压线法；所有接点的压接要保证接触良好。

要求：按电气装配工艺要求实施安装与接线训练。

④ 线路检查。首先对照电气原理图逐线检查，以排除错接、漏接及虚接等情况，具体方法主要包括手工法与万用表法。用手工法检查时先核对线号，然后检查接线端子的接触情况。万用表法检查时先断开开关 QS，用手训练模拟触点的分合动作，将万用表拨到 R×1 挡，然后结合电气原理图对各线路进行检查，一般步骤如下。

主回路检查过程：首先去掉控制回路熔断器 FU_2 的熔体，以切除控制回路，用旋具按压接触器 KM 的主触点架，使主触点闭合，再用万用表分别测量开关 QS 下端各相之间的接线情况。在正常情况下，接点 U_{11}、V_{11} 之间和 U_{11}、W_{11} 之间及 V_{11}、W_{11} 之间的电阻值均应为 $R \to \infty$。如果某次测量结果为 $R \to 0$，则说明所测量的两相之间的接线有短路情况，应仔细逐线检查。

控制回路检查过程：插好控制回路的熔断器 FU_2，将万用表表笔分别接在控制回路电源线端子 U_{11}、V_{11} 处，测得电阻值应为 $R \to \infty$，即断路；按下按钮 SB，应测得接触器 KM 线圈的电阻值。若所测得的结果与上述情况不符，则将一支表笔接 U_{11} 处，将另一支表笔依次接 1 号、2 号……各段导线两端的端子，即可查出短路点和断路点，并予以排除。移动表笔测量，逐步缩小故障范围，能够快速可靠地查出故障点。

要求：检查线路，确保接线正确。

⑤ 功能调试。按下按钮 SB，观察接触器是否吸合、电动机是否正常启动并运行；松开按钮 SB，观察接触器是否释放、电动机是否停止运行。

注意：只有在线路检查无误的情况下，才允许合上交流电源开关 QS。

要求：检查电动机是否受按钮 SB 的控制作点动运行；监听接触器主触点分合的动作声音和接触器线圈运行的声音是否正常；反复试验数次，检查控制回路动作的可靠性。

⑥ 故障检修。功能调试正常后，在电路中人为设置故障点，用正确的方法进行分析和排除故障。

【技能考核评价】

本任务考核参照《中级维修电工国家职业技能鉴定考核标准》执行，评分标准参考表 6-2。

表 6-2　考核内容及评分标准

考核内容	配分	评 分 标 准	扣分	得分
选用工具、仪表及器材	15 分	(1) 工具、仪表少选或错选，2 分/个； (2) 电气元件选错型号和规格，2 分/个； (3) 选错元件数量或型号规格没有写全，2 分/个		
装前检查	5 分	电气元件漏检或错检，1 分/处		

考核内容	配分	评 分 标 准	扣分	得分
安装布线	30分	(1) 电器布置不合理，5分/个； (2) 元件安装不牢固，4分/只； (3) 元件安装不整齐、不匀称、不合理，3分/只； (4) 损坏元件，15分/个； (5) 不按电路图接线，15分/个； (6) 布线不符合要求，3分/根； (7) 接点松动、露铜过长、反圈等，1分/个； (8) 损伤导线绝缘层或线芯，5分/根； (9) 编码套管漏装或套装不正确，1分/处； (10) 漏接接地线，10分； (11) 走线槽安装不符合要求，2分/处		
故障分析	10分	(1) 故障分析、排除思路不正确，5～10分/个； (2) 标错电路故障，5分/个		
排除故障	20分	(1) 停电不验电，5分； (2) 工具及仪表使用不当，5分/次； (3) 排除故障的顺序不对，5分； (4) 不能查出故障点，10分/个； (5) 查出故障点，但不能排除，5分/个； (6) 产生新的故障：不能排除，10分/个； (7) 损坏电动机，扣20分； (8) 损害电气元件，或排除故障方法不正确，5～20分/只(次)		
通电试车	20分	(1) 热继电器未整定或整定错误，扣10分； (2) 熔体规格选用不当，扣5分； (3) 第一次试车不成功，扣10分； (4) 第二次试车不成功，扣15分； (5) 第三次试车不成功，扣20分		
安全文明操作		违反安全文明生产规程，扣10～70分		
定额时间	120 min	不允许超时，在修复故障过程中才允许超时，每超时 1 min 扣 5 分		
备注		除额定时间外，各项目的最高扣分不应超过配分数		
开始时间		结束时间	总评分	

任务 2 单向连续运行控制电路的安装与维修

【任务引入】

在工农业生产和日常生活中常常用到钻床，钻床在加工过程中需要单向运行。本任务通过对单向连续运行控制电路的学习，使学生熟悉电气控制基本环节，掌握单向连续运行控制电路的安装、接线与调试方法。

【学习目标】

1. 知识目标

(1) 了解单向连续运行控制过程，掌握电路工作原理。
(2) 熟悉单向连续运行控制电路的电气原理图、电器布置图及电器安装接线图。
(3) 掌握单向连续运行控制电路的安装、接线与调试方法。

2. 技能目标

能根据相关图纸文件完成单向连续运行控制电路的安装、接线与调试。

【知识链接】

在实际生产中，往往需要电动机能长时间连续运行，以实现车床主轴的旋转运动、传送带的物料运送、造纸机械的拖动等。为实现这种运动，应对拖动电动机实行长动控制，使电动机连续运行。

1. 电气原理图

单向连续运行控制电路电气原理图如图 6-12 所示。主回路由三相电源、电源开关 QS、熔断器 FU_1、接触器 KM 的主触点、热继电器 FR 的发热元件和电动机 M 组成。控制回路由熔断器 FU_2、停止按钮 SB_1(红色)、启动按钮 SB_2(黑色)、接触器 KM 的线圈及其常开辅助触点、热继电器 FR 的常闭触点组成。

2. 工作原理

启动过程：先合上 QS，按下启动按钮 SB_2→接触器 KM 的线圈得电吸合→接触器 KM 的主触点闭合→电动机 M 接通三相电源启动并运行；同时，又使与 SB_2 并联的一个 KM 的常开辅助触点闭合，这个触点叫自锁触点，自锁触点的作用是记忆功能。松开 SB_2，控制回路通过 KM 的自锁触点使线圈仍保持得电吸合状态。

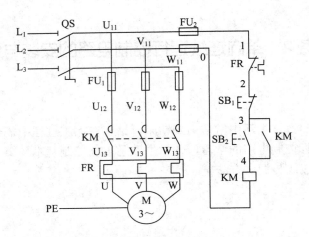

图 6-12　单向连续运行控制电路电气原理图

停止过程：按下停止按钮 SB_1→接触器 KM 的线圈失电→接触器 KM 的主触点断开→电动机 M 脱离三相电源停止运行。

3. 热继电器

热继电器是一种利用电流的热效应原理工作的保护电器，在电路中用作电动机的过载保护。因电动机在实际运行中，常遇到过载情况，若过载不大，时间较短，绕组温升不超过允许范围，是可以的。但若过载时间较长，绕组温升超过了允许值，将会加剧绕组老化，缩短电动机的使用寿命，严重时会烧毁电动机的绕组。因此，凡是长期运行的电动机必须设置过载保护。

热继电器种类很多，应用最广泛的是基于双金属片的热继电器，其外形如图 6-13 所示，主要由热元件、双金属片和触点三部分组成。热继电器的常闭触点串联在被保护的二次回路中，它的热元件由电阻值不高的电热丝或电阻片绕成，串联在电动机或其他用电设备的主电路中。

图 6-13　JR36 系列的热继电器

热继电器的工作原理如图 6-14 所示。主双金属片 2 与加热元件 3 串接在接触器负载端(电动机电源端)的主回路中。当电动机正常运行时,热元件产生的热量虽能使双金属片弯曲,但还不足以使继电器动作。当电动机过载时,流过热元件的电流增大,热元件产生的热量增加,使双金属片产生的弯曲位移增大,主双金属片 2 推动导板 4,并通过补偿双金属片 5 与推杆将触点 9 和 6(即串接在接触器线圈回路的热继电器常闭触点)分开,以切断电路保护电动机。

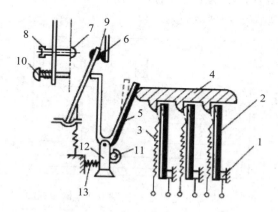

图 6-14　热继电器的工作原理

热继电器的主要技术参数有额定电压、额定电流、相数、热元件编号、整定电流及整定电流调节范围等。整定电流是指热元件能够长期通过而不至于引起热继电器动作的电流值。热继电器的图形符号如图 6-15 所示。

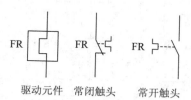

图 6-15　热继电器的符号含义

【技能训练】

1. 技能训练器材

(1) 钢丝钳、尖嘴钳、剥线钳、电工刀　1 套/组;

(2) 接线板、万用表　1 套/组;

(3) 任务所需电气元件。

2. 技能训练内容及要求

(1) 进行电气识图训练。对本任务的电路原理图进行分析，掌握识图方法。

(2) 检查电气元件。列出电气元件名称、型号、规格及数量，检查、筛选电气元件。填入表 6-1 中。

(3) 绘制电器布置图及电器安装接线图。根据电气元件实际情况，确定电气元件位置，电气元件布置要整齐、合理，绘制电器布置图，如图 6-16 所示(供参考)；绘制电器安装接线图，正确标注线号，如图 6-17 所示(供参考)。

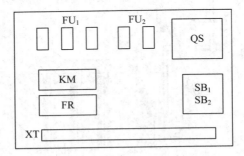

图 6-16　单向连续运行控制电路电器布置图

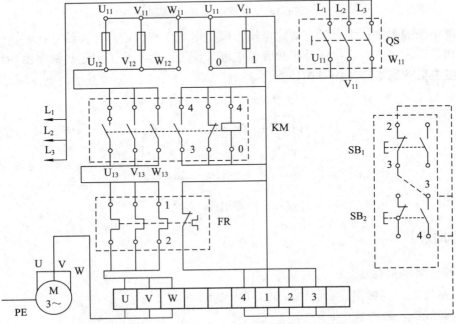

图 6-17　单向连续运行控制电路电器安装接线图

要求：保证图面正确性，无漏画、错画现象；电气元件布置要整齐、合理。

(4) 安装与接线。安装与接线方法与本项目任务 1 有关内容相同。单向连续运行控制电路安装范例如图 6-18 所示。

图 6-18 单向连续运行控制电路安装范例

要求：按电气装配工艺要求实施安装与接线训练。

(5) 线路检查。线路检查方法与本项目任务 1 有关内容相同。

要求：用手工法和万用表法检查线路，确保接线正确。

(6) 功能调试。

注意：只有在线路检查无误的情况下，才允许合上交流电源开关 QS。

方法：按下按钮 SB_2，观察接触器是否吸合、电动机是否正常启动并运行；松开按钮 SB_2，观察接触器是否释放、电动机是否正常运行；按下按钮 SB_1，观察接触器是否释放、电动机是否停止运行。

要求：检查电动机是否受按钮 SB_2 的控制连续运行，是否受按钮 SB_1 的控制停止运行；监听接触器主触点分合的动作声音和接触器线圈运行的声音是否正常；反复试验数次，检查控制电路动作的可靠性。

(7) 故障检修。

故障现象 1：当合上开关 QS 以后，按下启动按钮 SB_2，出现接触器不吸合、电动机不工作现象。

① 检查控制电路的电源电压、熔断器 FU_2 的熔体及接触情况；

② 检查热继电器接线是否正确、常闭触点是否复位；

③ 检查按钮盒接线是否正确、压接线是否有松脱；

④ 检查按钮盒内各线码与端子排编号是否一致；

⑤ 检查接触器线圈是否断路，检查盘内控制电路各压接点的接触情况(如导线压线皮)，特别是对于有互锁的电路，一定要重点检查常闭互锁触点状态(如触点压错位或动触桥虚断等)。在实训中，故障现象 1 的常见原因如图 6-19 所示。

(a) 互锁触点接线错误　　(b) 热继电器触点接线错误　　(c) 接触器线圈接点压线皮

(d) 按钮接点反羊角圈虚接　　(e) 接触器互锁触点缺失　　(f) 端子排压线错误

图 6-19　故障现象 1 的常见原因图片

故障现象 2：当合上开关 QS 以后，接触器直接得电吸合，电动机立即运行。

出现这种故障现象的原因是控制回路接线错误，此种错误特别容易发生在端子排上和按钮盒内。以图 6-17 为例，如果将 3 号线和 4 号线在端子排上接反了，则接触器 KM 的线圈就直接跨在电源两端，只要开关 QS 一闭合上电，就会出现上述故障。

故障现象 3：当合上开关 QS 以后，按下启动按钮 SB_2，电动机出现点动现象。

出现这种故障现象的原因是控制回路不自锁。以图 6-17 为例，出现这种故障现象的原因可能是 3 号线和 4 号线压线皮，也可能是接触器 KM 的常开辅助触点损坏、缺失，还可能是接线盒内导线松脱。

故障现象 4：当合上开关 QS 以后，按下启动按钮 SB_2，电动机运行振动，转速明显降低，并伴有沉闷的噪声。

出现这种故障现象的原因是主回路缺相，造成三相电动机单相运行。检查电源是否缺相，检查熔断器 FU_1 是否熔断、接触是否良好，检查端子排上的 3 根负载线的接线情况，检查盘内主回路的触点是否接触良好。

【技能考核评价】

本任务考核参照《中级维修电工国家职业技能鉴定考核标准》执行，时间定额为 2.5 小时，评分标准参考表 6-2。

任务 3 正反转控制电路的安装与维修

【任务引入】

在港口、码头和大型企业中大量应用的起重机通常需要提升和下放重物，在机床加工过程中也常常需要主轴正反转以完成加工工艺，这都需要通过电动机的正反转来实现。本任务通过对正反转控制电路的学习，使学生熟悉电气控制基本环节，掌握正反转控制电路的安装、接线与调试方法。

【学习目标】

本任务通过对正反转控制电路的学习，使学生熟悉电气控制基本环节，掌握正反转控制电路的安装、接线与调试方法。

1. 知识目标

(1) 了解正反转控制过程，掌握电路工作原理。

(2) 熟悉正反转控制电路的电气原理图、电器布置图及电器安装接线图。

(3) 掌握正反转控制电路的安装、接线与调试方法。

2. 技能目标

能根据相关图纸文件完成正反转控制电路的安装、接线与调试。

【知识链接】

在生产加工过程中，往往要求电动机能够实现可逆运行，即正转与反转，如机床工作台的前进与后退、电梯的上升与下降、物料混合搅拌机的工作等。

1. 接触器互锁正反转控制电路

1) 电气原理图

接触器互锁正反转控制电路电气原理图如图 6-20 所示。主回路由三相电源、电源开关 QS、熔断器 FU_1、接触器 KM_1 与 KM_2 的主触点、热继电器 FR 的发热元件、电动机 M 组成。控制回路由熔断器 FU_2、停止按钮 SB_1(红色)、正转启动按钮 SB_2(黑色)、反转启动按钮 SB_3(绿色)、接触器 KM_1 与 KM_2 的线圈及其辅助触点、热继电器 FR 的常闭触点组成。

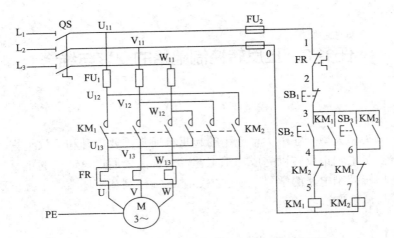

图 6-20 接触器互锁正反转控制电路电气原理图

2) 工作原理

启动过程：先合上 QS，按下正转启动按钮 SB₂→接触器 KM₁ 的线圈得电吸合→接触器 KM₁ 的主触点和常开辅助触点闭合→电动机 M 接通三相正相序电源正转启动并运行；同时 KM₁ 的一个与接触器 KM₂ 的线圈串联的常闭辅助触点断开，这个触点叫互锁触点，互锁触点的作用是防止在 KM₁ 的线圈得电吸合期间，KM₂ 的线圈也得电吸合，造成电源相间短路事故，这种利用两个接触器的常闭辅助触点互相控制的方法称为电气互锁。反转启动过程与正转启动过程类似，分析从略。

停止过程：按下停止按钮 SB₁→接触器 KM₁、KM₂ 的线圈全部失电→接触器 KM₁、KM₂ 的主触点断开→电动机 M 脱离三相电源停止运行。

接触器互锁正反转控制电路的运行训练顺序是"正—停—反"。

2. 双重互锁正反转控制电路

1) 电气原理图

双重互锁正反转控制电路电气原理图如图 6-21 所示。双重互锁正反转控制电路与接触器互锁正反转控制电路相似，它相当于把电气互锁和机械互锁两个互锁电路整合在同一个电路中。

2) 工作原理

启动过程：正转时，先合上 QS，按下正转启动按钮 SB₂→SB₂ 的常闭触点先断开，对接触器 KM₂ 互锁；SB₂ 的常开触点后闭合→接触器 KM₁ 的线圈得电→KM₁ 的常闭辅助触点先断开，再次对 KM₂ 互锁，接触器 KM₁ 的主触点和常开辅助触点后同时闭合→电动机 M 接通三相正相序电源正转启动并运行。若想反转，则按下反转启动按钮 SB₃→SB₃ 的常闭触

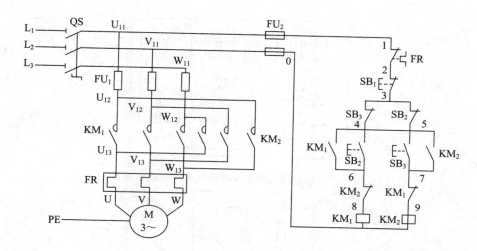

图 6-21　双重互锁正反转控制电路电气原理图

点先断开，对 KM_1 互锁→KM_1 的线圈失电→KM_1 的主触点和常开辅助触点断开→电动机 M 脱离电源，KM_1 的互锁触点恢复闭合，为 KM_2 的线圈得电做好准备；SB_3 的常开触点后闭合→KM_2 的线圈得电→KM_2 的常闭辅助触点先断开，再次对 KM_1 互锁，KM_2 的主触点和常开辅助触点同时闭合→电动机 M 反转启动并运行。

　　停止过程：按下停止按钮 SB_1→接触器 KM_1、KM_2 的线圈全部失电→接触器 KM_1 的主触点断开→电动机 M 脱离三相电源停止运行。

　　双重互锁正反转控制电路的运行训练顺序是"正—反—停"。

【技能训练】

1. 技能训练器材

(1) 钢丝钳、尖嘴钳、剥线钳、电工刀　1 套/组；

(2) 接线板、万用表　1 套/组；

(3) 任务所需电气元件。

2. 技能训练内容及要求

1) 接触器互锁正反转控制电路安装、接线与调试

(1) 检查电气元件。参考本项目任务 1 有关内容。

(2) 分析电气原理并绘制电器布置图及电器安装接线图。根据电气元件实际情况，确定电气元件位置，电气元件布置要整齐、合理，绘制电器布置图，如图 6-22 所示(供参考)；绘制电器安装接线图，正确标注线号，如图 6-23 所示(供参考)。

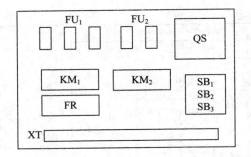

图 6-22　接触器互锁正反转控制电路电器布置图

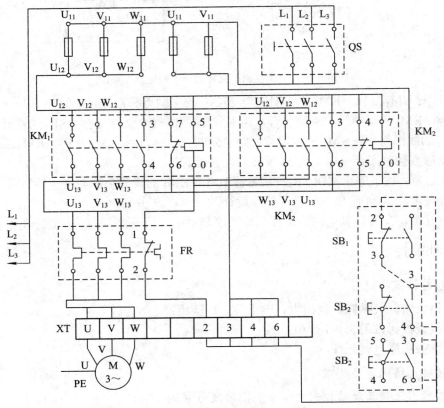

图 6-23　接触器互锁正反转控制电路电器安装接线图

要求：保证画图正确性，无漏画、错画现象；电气元件布置要整齐、合理。

(3) 安装与接线。参考本项目任务 1 有关内容。

要求：按电气装配工艺要求实施安装与接线训练。

(4) 线路检查。线路检查方法参考本项目任务 1 有关内容。

要求：用手工法和万用表法检查线路，确保接线正确。

(5) 功能调试。按下按钮 SB₂，观察接触器 KM₁ 是否吸合、电动机是否正转启动并运行；松开按钮 SB₂，观察接触器 KM₁ 是否释放；按下按钮 SB₃，观察接触器 KM₂ 是否吸合、电动机是否反转启动并运行；松开按钮 SB₃，观察接触器 KM₂ 是否释放；按下按钮 SB₂，观察电动机是否仍继续运行；按下按钮 SB₁，观察接触器 KM₂ 是否释放、电动机是否停止运行。

注意：只有在线路检查无误的情况下，才允许合上交流电源开关 QS。

要求：验证接触器互锁正反转控制电路特有的"正—停—反"控制过程；反复试验数次，检查控制电路动作的可靠性。

2) 双重互锁正反转控制电路安装、接线与调试

(1) 检查电气元件。参考本项目任务 1 有关内容。

(2) 绘制电器布置图及电器安装接线图。根据电气元件实际情况，确定电气元件位置，电气元件布置要整齐、合理，绘制电器安装接线图，如图 6-24 所示(供参考)。

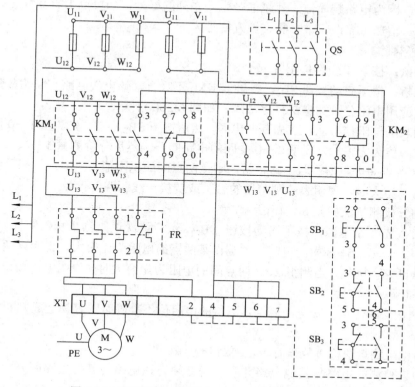

图 6-24　双重互锁正反转控制电路电器安装接线图

要求：保证画图正确性，无漏画、错画现象；电气元件布置要整齐、合理。

(3) 安装与接线。安装与接线方法参考本项目任务 1 有关内容。双重互锁正反转控制电路安装范例如图 6-25 所示。

要求：按电气装配工艺要求实施安装与接线训练。

(4) 线路检查。线路检查方法参考本项目任务 1 有关内容。

要求：用手工法和万用表法检查线路，确保接线正确。

(5) 功能调试。双重互锁正反转控制方法与接触器互锁正反转控制相同。

注意：只有在线路检查无误的情况下，才允许合上交流电源开关 QS。

要求：验证双重互锁正反转控制电路特有的"正—反—停"控制过程；反复试验数次，检查控制电路动作的可靠性。

图 6-25　双重互锁正反转控制电路安装范例

在实际工程中，对于同样的功能要求，人们希望控制电路越简洁越好，因为电路越简洁，就越能带来一系列的好处，如可以节省导线、经济性好、减少故障点、增加可靠性、维修和维护方便等。

(6) 故障排除。

故障现象：按下 SB₂ 后 KM₁ 不吸合。

故障分析：按下启动按钮 SB₂，接触器 KM₁ 不吸合，该电气回路有断路故障。

方法：应用电阻分阶测量法排除故障，如图 6-26(a)所示。

用万用表的电阻挡检测前应先断开电源，然后按下 SB₂ 不放，先测量 1—0 两点间的电阻，如果电阻值为无穷大，说明 1—0 之间的电路断路。然后分阶测量 1—2、1—3、1—4、1—6、1—8 各点间电阻值。若电路正常，则该两点间的电阻值为"0"；当测量到某线号间的电阻值为无穷大时，说明表棒刚跨过的触头或链接导线断路。

电阻的分段测量法如图 6-26(b)所示。

检查时，先切断电源，按下启动按钮 SB₂，然后依次逐段测量相邻两标号点 1—2、2—3、3—4、4—6、6—8 间的电阻。如测得某两点的电阻为无穷大，说明这两点间的触头或链接导线断路。例如，当测得 2、3 两点间的电阻为无穷大时，说明停止按钮 SB₁ 或链接 SB₁ 的导线断路。

电阻测量法的优点是安全，缺点是测得的电阻值不准确时，容易造成判断错误。

注意：

(1) 用电阻测量法检查故障时一定要断开电源。

(2) 如果被测的电路与其他电路并联，就必须将该电路与其他电路断开，否则所测得的电阻值不准确。

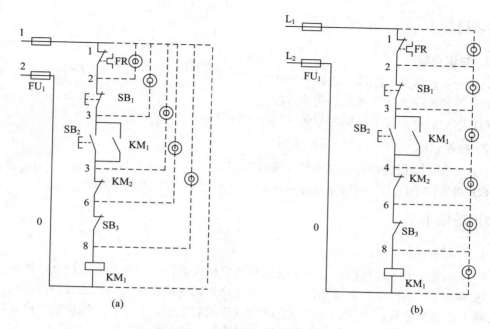

图 6-26 电阻分阶和分段测量法

(3) 测量高电阻值的电气元件时，把万用表的选择开关旋转至适合电阻挡。

【技能考核评价】

本任务考核参照《中级维修电工国家职业技能鉴定考核标准》执行，时间定额为 3 小时，评分标准参考表 6-2。

任务 4　电动机行程控制线路的安装与维修

【任务引入】

在应用平面磨床、龙门刨床加工工件时，工件被固定在工作台上，由工作台带动做往复运动，工作台的往复运动通常由液压系统或电动机来拖动，通过工作台的往复运动和刀具的进给运动便可完成对工件的加工，这些都是通过行程开关控制的。本任务通过对行程控制电路的学习，使学生开始认识和熟悉电气控制基本环节，掌握行程控制电路的安装、接线与调试方法。

【学习目标】

1. 知识目标

(1) 理解行程开关在控制线路中的作用。

(2) 理解电动机的行程控制实现方法。

(3) 电动机行程控制电路的安装、接线与调试方法。

2. 技能目标

(1) 掌握电动机的行程控制安装、接线与调试。

(2) 培养动手能力，训练学生排除电动机基本控制线路故障的能力。

【知识链接】

1. 行程开关

行程开关常用于运料机、锅炉上煤机和某些机床的进给运动的电气控制，如在万能铣床、镗床等生产机械中经常用到。行程控制线路可以使电动机所拖动的设备在每次启动后自动停止在规定位置，然后由人控制返回到规定的起始位置并停止在该位置。停止信号是由在规定的位置上设置的行程开关发出的，该控制一般又称为"限位控制"。

行程开关又称限位开关或位置开关，常用的有 LX10 和 JLXK1 等系列。其中，JLXK1系列行程开关动作原理和外形结构如图 6-27(a)和图 6-27(b)所示。行程开关的结构主要分为三个部分：训练头(感测部分)、触点系统(执行部分)和外壳。行程开关根据训练头的不同分为单轮旋转式(能自动复位)、直动式(按钮式，能自动复位)和双滚轮式(不能自动复位，需机械部件返回时再碰撞一次才能复位)。行程开关符号如图 6-28 所示。

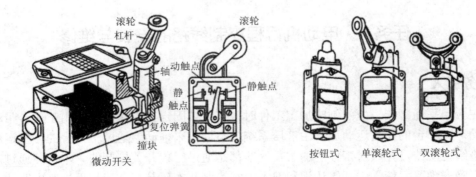

(a) JLXK1系列行程开关结构原理图　　　　(b) 行程开关外形图

图 6-27　行程开关动作原理和外形结构

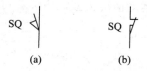

图 6-28　行程开关图形符号

2. 小车行程控制电路的电气原理图

当小车在规定的轨道上运行时，行程开关可实现行程控制和限位保护，控制小车在规定轨道上的运行。在设计该控制电路时，应在小车行程的两个终端各安装一个限位开关，将限位开关的触点接于线路中，当小车碰撞限位开关后，使拖动小车的电动机停转，达到限位保护的目的。其电气原理图如图 6-29 所示。

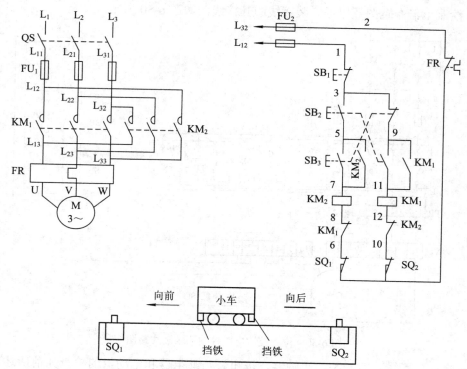

图 6-29　位置控制电路

合上电源开关 QS，按 SB$_2$ 小车向前运动，其工作过程为：按钮 SB$_2$ 按下，KM$_1$ 线圈通电自锁，联锁触点断开，同时 KM$_1$ 主触点闭合，电动机正转，小车向前。运动一段距离后，小车挡块撞 SQ$_2$ 触点分断，KM$_1$ 线圈断电，KM$_1$ 主触点断开，电动机停转，同时自锁触点断开，联锁触点闭合。小车向后运动情况类似，请读者自行分析。

【技能训练】

1. 技能训练器材

(1) 钢丝钳、尖嘴钳、剥线钳、电工刀　1 套/组；

(2) 接线板、万用表　1 套/组；

(3) 任务所需电气元件。

2. 技能训练内容及要求

1) 位置控制电路安装、接线与调试

(1) 检查电气元件。参考本项目任务 1 有关内容。

(2) 绘制电器布置图及电器安装接线图其接线图如图 6-30 所示。

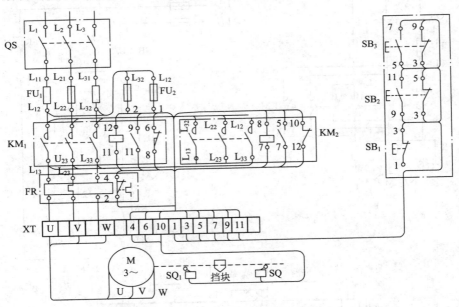

图 6-30　位置控制电路控制的安装线路图

(3) 检查与接线。刀开关、接触器、按钮、热继电器和电动机的检查如前所述，另外还要认真检查行程开关，主要包括检查滚轮和传动部件动作是否灵活，检查触点的通断情况。将安装底板上的电气元件固定好。在设备上规定的位置安装行程开关，调整运动部件上挡块与行程开关的相对位置，使挡块在运动中能可靠地训练行程开关上的滚轮并使触点分断。按照图 6-30 所示接线。

(4) 试车。

① 空训练试验。合上刀开关 QS，按照双重联锁控制线路的步骤进行试验，分别检查各控制、保护环节的动作。正常后，再训练 SB_2 使 KM_1 得电动作，然后用绝缘棒按下 SQ_2 的滚轮，使其断点分断，则 KM_1 应失电释放。用同样的方法检查 SQ_1 对 KM_2 的控制作用，以此检查行程控制线路动作的可靠性。

② 带负荷试车。断开 QS，接好电动机接线，装好接触器的灭弧罩，合上刀开关 QS。

先检查电动机的转向是否正确。按下 SB_2，电动机启动，机械设备上的部件开始运动，如运动方向指向 SQ_2 则符合要求；若方向相反，则应立即停车，以免因行程控制开关不起作用，造成机械故障。此时，可将刀开关 QS 上端子处的任意两相进线对调，再接通电源试车。然后再训练 SB_3 使电动机反向运动，检查 KM_2 的改换相序作用。其次检查行程开关的限位控制作用。当电动机启动正向运动，机械部件到达规定位置附近时，要注意观察挡块与行程开关 SQ_2 滚轮的相对位置。SQ_2 被挡块训练后，电动机应立即停车。按动反向启动按钮 SB_3 时，电动机应能拖动机械部件返回。如出现电动机不能控制的情况，应立即停车检查。

2) 故障检修

线路常见的故障与双联锁正反向控制线路类似。限位控制部分故障主要有挡块、行程开关的固定螺钉松动造成动作开关失灵等，这里不再举例，请参考本项目任务 3 相关内容。

【技能考核评价】

本任务考核参照《中级维修电工国家职业技能鉴定考核标准》执行，时间定额为 3 小时，评分标准参考表 6-2。

任务 5 　 电动机 Y-△减压启动电路的安装与维修

【任务引入】

在工农业生产中，有些生产机械，特别是大型机械设备，因为电动机的功率比较大，供电系统或启动设备无法满足电动机的直接启动要求，此时就必须采用减压启动的方式。本任务通过对三相异步电动机 Y-△减压启动电路的学习，使学生熟悉电气控制基本环节，掌握 Y-△减压启动电路的安装、接线与调试方法。

【学习目标】

1. 知识目标

(1) 了解三相异步电动机 Y-△减压启动控制过程，掌握电路工作原理。

(2) 熟悉三相异步电动机 Y-△减压启动电路电气原理图、电器布置图及安装接线图。

(3) 掌握三相异步电动机 Y-△减压启动电路的安装、接线与调试方法。

2. 技能目标

能根据相关图纸文件完成 Y-△减压启动电路的安装、接线与调试。

【知识链接】

Y-△减压启动利用电路降低电动机定子绕组上的电压来启动电动机，以达到降低启动电流的目的。因启动力矩与定子绕组每相所加电压的平方成正比，因而减压启动的方法只适用于空载或轻载启动。当电动机启动到接近额定转速时，电动机定子绕组上的电压必须恢复到额定值，使电动机在正常电压下运行。凡是在正常运行时定子绕组采用三角形连接的笼型三相异步电动机均可采用 Y-△减压启动方法。

1. 电气原理图

时间继电器控制的 Y-△减压启动电路电气原理图如图 6-31 所示。主回路由三相电源、电源开关 QS、熔断器 FU₁、主接触器 KM₁ 的主触点、三角形运行接触器 KM₂ 的主触点、星形启动接触器 KM₃ 的主触点、热继电器 FR 的发热元件和电动机 M 组成。控制回路由熔断器 FU₂、停止按钮 SB₁(红色)，启动按钮 SB₂(黑色)，主接触器 KM₁、三角形运行接触器 KM₂、星形启动接触器 KM₃ 的线圈及其辅助触点，热继电器 FR 的常闭触点组成。

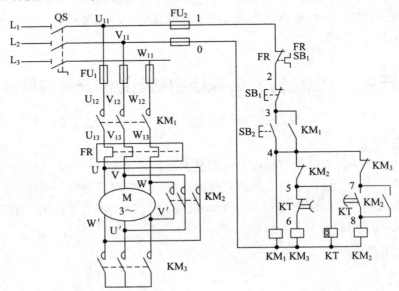

图 6-31　时间继电器控制的 Y-△减压启动电路电气原理图

2. 工作原理

先合上 QS，按下启动按钮 SB_2→接触器 KM_1 的线圈得电→KM_1 的常开辅助触点闭合而自锁→KM_3 的线圈得电→KM_1 的主触点、KM_3 的主触点闭合→电动机 M 绕组接成星形降压启动，同时 KT 的线圈得电而开始延时，KM_3 的互锁触点断开；当电动机 M 转速上升到一定值时，KT 延时结束→KT 的常闭触点断开→KM3 的线圈失电→KM_3 的主触点断开→电动机 M 绕组解除星形连接，同时 KT 的常开触点闭合，并且 KM_3 的互锁触点闭合→KM_2 的线圈得电→KM_2 的主触点闭合→电动机 M 绕组接成三角形全压运行，KM_2 的互锁触点断开，使 KT 的线圈失电，KM_2 的常开辅助触电闭合而自锁。停止时，按下停止按钮 SB_1 即可。

3. 时间继电器

时间继电器是利用电磁原理或机械原理实现触点延时闭合或延时断开的自动控制电器。常用的种类有电磁式、空气阻尼式、电动式和晶体管式。这里以应用广泛、结构简单、价格低廉且延时范围大的空气阻尼式时间继电器为主作介绍。

空气式时间继电器又叫气囊式时间继电器，是利用空气阻尼的原理获得延时的。它由电磁系统、延时机构和触点三部分组成。电磁机构为直动式双 E 形，触点系统借用 LX5 型微动开关，延时机构采用气囊式阻尼器，外形及结构见图 6-32。

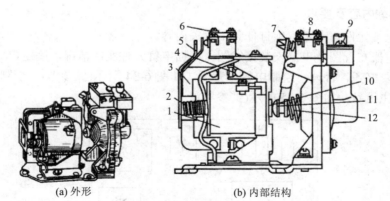

(a) 外形   (b) 内部结构

1—线圈；2—反力弹簧；3—衔铁；4—静铁芯；5—弹簧片；6、8—微动开关；7—杠杆；
9—调节螺钉；10—推杆；11—活塞杆；12—宝塔弹簧

图 6-32   JST 系列气囊式时间继电器

磁机构可以是交流的也可以是直流的。触点包括瞬时触点和延时触点两种。空气式时间继电器可以做成通电延时，也可以做成断电延时。

常用的时间继电器有 JS7、JS23 系列。主要技术参数有瞬时触点数量、延时触点数量、触点额定电压、触点额定电流、线圈电压及延时范围等。时间继电器的文字符号为 **KT**，图形符号如图 6-33 所示。

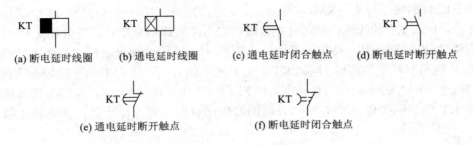

(a) 断电延时线圈　　(b) 通电延时线圈　　(c) 通电延时闭合触点　　(d) 断电延时断开触点

(e) 通电延时断开触点　　　　(f) 断电延时闭合触点

图 6-33　时间继电器图形符号

【技能训练】

1．技能训练器材

(1) 钢丝钳、尖嘴钳、剥线钳　1 套/组；

(2) 接线板、万用表　1 套/组；

(3) 任务所需电气元件。

2．技能训练内容及要求

(1) 检查电气元件。参考本项目任务 1 有关内容。

(2) 绘制电器布置图及电器安装接线图。根据电气元件实际情况，确定电气元件位置，电气元件布置要整齐、合理，绘制电器布置图，如图 6-34 所示(供参考)；绘制电器安装接线图，正确标注线号，如图 6-35 所示(供参考)。

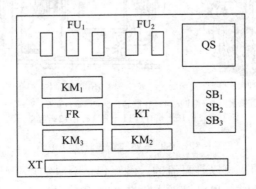

图 6-34　Y-△减压启动电器布置图

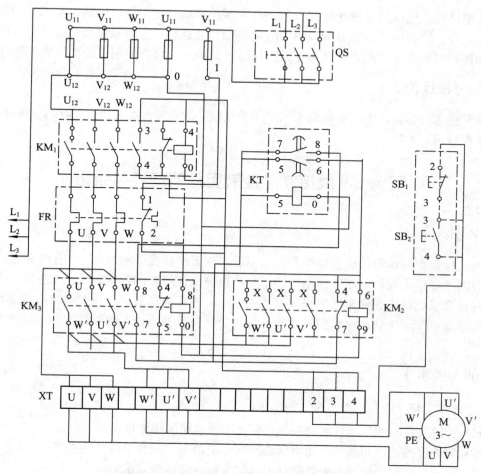

图 6-35　Y-△减压启动电路电器安装接线图

要求：保证画图正确性，无漏画、错画现象；电气元件布置要整齐、合理。

(3) 安装与接线。安装与接线方法参考本项目任务 1 有关内容。

要求：按电气装配工艺要求实施安装与接线训练。

(4) 线路检查。线路检查方法与本项目任务 1 有关内容相同。

要求：用手工法和万用表法检查线路，确保接线正确。

(5) 功能调试。按下按钮 SB_2，观察接触器 KM_1、KM_3 和时间继电器 KT 的线圈是否吸合及电动机是否减压启动，观察时间继电器 KT 是否正常延时，延时时间到后，观察电动机是否正常全压运行；按下按钮 SB_1，观察接触器是否释放、电动机是否停止运行。

注意：只有在线路检查无误的情况下，才允许合上交流电源开关 QS。

要求：检查电动机是否受按钮 SB_2 的控制减压启动、是否受时间继电器 KT 的延时控制全压运行；检查电动机是否受按钮 SB_1 的控制停止运行；监听接触器主触点分合的动作声音和接触器线圈运行的声音是否正常；反复试验数次，检查控制电路动作的可靠性。

【技能考核评价】

本任务考核参照《中级维修电工国家职业技能鉴定考核标准》执行，时间定额 4 小时，评分标准参考表 6-2。

任务 6　反接制动控制电路的安装与维修

【任务引入】

当三相交流异步电动机的绕组断开电源后，由于机械惯性的原因，转子常常需要经过一段时间才能停止旋转，这往往不能满足生产机械迅速停车的要求。无论从生产还是安全方面，都要求电动机在停车时能采取有效的制动。本任务通过对反接制动和能耗制动控制电路的学习，使学生熟悉电气控制基本环节，掌握反接制动控制电路的安装、接线与调试方法。

【目的与要求】

1. 知识目标

(1) 了解反接制动和能耗制动控制过程，掌握电路工作原理。

(2) 熟悉反接制动和能耗制动电气原理图、电器布置图及电器安装接线图。

(3) 掌握反接制动控制和能耗制动电路的安装、接线与调试方法。

2. 技能目标

(1) 理解电动机反接制动和能耗制动控制的实现方法。

(2) 培养动手能力，训练学生排除电动机基本控制线路故障的能力。

【知识链接】

1. 单向反接制动控制电路原理图

图 6-36 单向反接制动控制电路，图中 KM_1 为单向旋转接触器，KM_2 为反接制动接触器，KS 为速度继电器。KM_2 主触点上串联的 R 为反接制动电阻，用来限制反接制动时电动机的绕组电流，防止因制动电流太大造成电动机过载。启动时，按下启动按钮 SB_2，接

触器 KM$_1$ 通电并自锁，电动机通电运行。电动机正常运转时，速度继电器 KS 的常开触点闭合，为反接制动做好准备。制动时，按下停止按钮 SB$_1$，KM$_1$ 线圈断电，电动机 M 脱离电源，由于此时电动机的惯性，转速仍较高 KS 的常开触点仍处于闭合状态，所以 SB$_1$ 常开触点闭合时，反接制动接触器 KM$_2$ 线圈得电并自锁，其主触点闭合，使电动机得到相序相反的三相交流电源，进入反接制动状态，转速迅速下降。当转速接近于零时，速度继电器常开触点复位，接触器 KM$_2$ 线圈断电，反接制动结束。

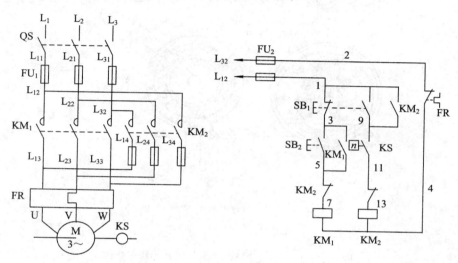

图 6-36　单向反接制动控制电路

2. 速度继电器

速度继电器又叫反接制动继电器，主要用于笼型异步电动机的反接制动控制。它主要由转子、定子和触点三部分组成，转子是一个圆柱形永久磁铁，定子是一个笼型空芯圆环，由硅钢片叠成，并装有笼型绕组。

图 6-37 为 JY1 型速度继电器的外形和结构示意图。其转子的轴与被控制电动机的轴连接，而定子空套在转子上。当电动机转动时，速度继电器的转子随之转动，定子内的短路导体便切割磁场，产生感应电动势，从而产生电流；此电流与旋转的转子磁场作用产生转矩，使定子开始转动；当转到一定角度时，装在轴上的摆锤推动簧片动作，使常闭触点分断，常开触点闭合。

当电动机转速低于某一值时，定子产生的转矩减小，触点在弹簧作用下复位。常用的速度继电器有 JY1 和 JFZ0 型。一般速度继电器的动作转速为 120 r/min，触点的复位转速在 100 r/min 以下，转速在 3000～3600 r/min 以下能可靠工作。

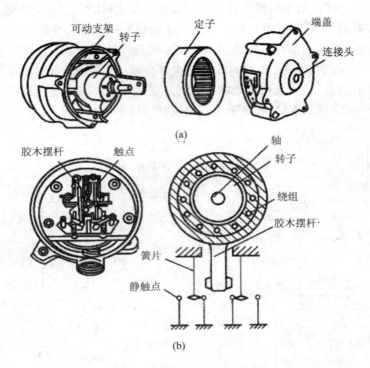

图 6-37　JY1 型速度继电器的外形和结构示意图

速度继电器的图形符号如图 6-38 所示。

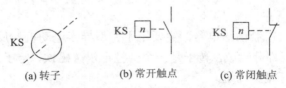

图 6-38　速度继电器的图形符号

3. 能耗制动控制电路

能耗制动控制电路电气原理图如图 6-39 所示。主回路由三相电源、电源开关 QS、熔断器 FU_1、主接触器 KM_1 和 KM_2 的主触点、能耗制动接触器 KM_3 的主触点、热继电器 FR 的发热元件和电动机 M 组成。控制回路由熔断器 FU_2、停止按钮 SB_1(红色)、正转启动按钮 SB_2(黑色)、反转启动按钮 SB_3(黑色)、接触器 $KM_1 \sim KM_3$ 的线圈及其辅助触点、热继电器 FR 的常闭触点组成。

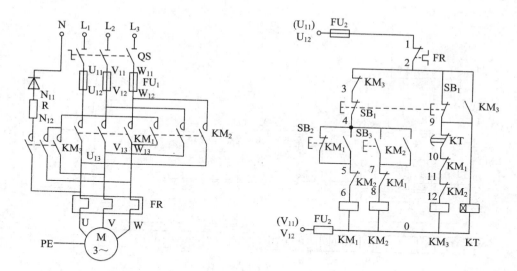

图 6-39　能耗制动控制电路电气原理图

4. 工作原理

先合上 QS，按下正转启动按钮 SB_2→主接触器 KM_1 得电并自锁→电动机 M 正转连续运行。按下停止按钮 SB_1→SB_1 的常闭触点先断开，KM_1 失电。SB_1 的常开触点后闭合，接通接触器 KM_3 和时间继电器 KT 的线圈回路，其触点动作，KM_3 的常开辅助触点闭合起着自锁作用；KM_3 的常开主触点闭合，使直流电压加在电动机动定子绕组上，电动机进行正向能耗制动，转速迅速下降，当接近于零时，时间继电器 KT 延时结束，其通电延时打开的常闭触点断开，切断接触器 KM_3 的线圈回路，此时 KM_3 的常开辅助触点恢复断开，KT 的线圈也随之失电，正向能耗制动结束。

【技能训练】

1. 技能训练器材

(1) 钢丝钳、尖嘴钳、剥线钳、电工刀　1 套/组；

(2) 接线板、万用表　1 套/组；

(3) 任务所需电气元件。

2. 技能训练内容及要求

(1) 检查电气元件。参考本项目任务 1 有关内容。

(2) 绘制安装接线图。反接制动电路的安装接线图如图 6-40 所示。

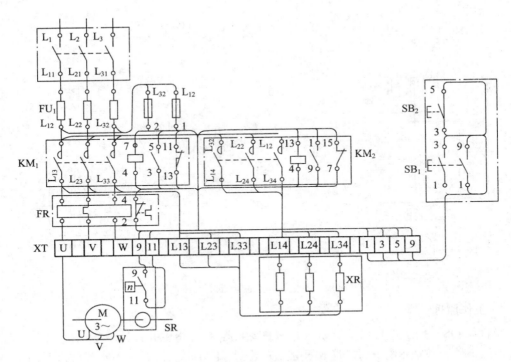

图 6-40　单向反接制动安装接线图

要求：将刀开关 QS、熔断器 FU$_1$、接触器 KM$_1$ 和 KM$_3$ 排成一条直线，KM$_2$ 与 KM$_3$ 并列放置并对齐，走线更方便。

(3) 检查与接线。

要求：检查元器件，特别注意检查速度继电器与传动装置的紧固情况。

注意：KM$_1$ 和 KM$_2$ 主触点的相序不可接错。JY1 型速度继电器有两组触点，每组都有常开、常闭触点，使用公共动触点，应注意防止错接造成线路故障。

(4) 试车。

① 空训练试验。合上 QS，按下 SB$_2$ 后松开，KM$_1$ 应立即得电动作并自锁。按 SB$_1$ 后接触器 KM$_1$ 释放。将 SB$_1$ 按住不放，用手转动一下电动机轴，使其转速约为 100 r/min 左右，KM$_2$ 应吸合一下又释放。调试时要注意电动机的转向，若转向不对则制动电路不能工作。

② 带负荷试车。断开 QS，接好电动机接线，仔细检查主电路各熔断器的接触情况，检查各端子的接线情况。合上 QS，按下 SB$_2$，电动机应得电启动。轻按 SB$_1$，KM$_1$ 应释放，电动机断电减速而停转。在转速下降过程中注意观察 KS 触点的动作。再次启动电动机，将 SB$_1$ 按到底，电动机应刹车，在 1~2 s 内停转。

(5) 故障检修。电动机启动正常，按下 SB$_1$ 时电动机断电但继续惯性运转，无制动作用。

方法：

① 故障分析：空训练试验中，制动线路动作正常，带负荷试车无制动作用，而且 KM₂ 不动作。说明 KS 触点未闭合，使 KM₂ 线圈不得电。推测电动机的转向与试验时用手转动方向相反。

② 检查处理：再次启动电动机，观察 KS 的摆杆，发现摆杆摆向未使用的一组触点，使线路所使用的 KS 触点不起控制作用。

③ 断电后，将制动控制线改接入另一组触点，重新试车，故障排除。

读者可自行设置人为故障分析并排除。

注意：只有在线路检查无误的情况下，才允许合上交流电源开关 QS。

方法：按下按钮 SB₁，观察接触器 KM₃ 和时间继电器 KT 的线圈是否吸合、电动机是否能耗制动；观察时间继电器 KT 是否正常延时；延时时间到后，观察电动机是否停止运行。

要求：监听接触器主触点分合的动作声音和接触器线圈运行的声音是否正常。

能耗制动控制电路的安装接线图请读者按要求设计绘制，并参考本项目任务 1 有关内容进行安装调试。

【技能考核评价】

本任务考核参照《中级维修电工国家职业技能鉴定考核标准》执行，反接制动时间定额 3 小时，能耗制动时间定额 4 小时，评分标准参考表 6-2。

任务 7　接触器控制的双速电动机控制电路安装与维修

【任务引入】

在工农业生产中，有些生产机械要求有很宽的调速范围，而依靠机械调速将使设备庞大，所以引入多速电动机，以提高机械的调整范围。本任务通过对接触器控制的双速电动机控制电路的学习，使学生开始认识和熟悉电气控制基本环节，掌握接触器控制的双速电动机控制电路的安装、接线与调试方法。

【学习目标】

1. 知识目标

(1) 熟悉多速异步电动机控制线路的工作原理。

(2) 学会正确安装与检修接触器控制的双速异步电动机的控制线路。

2．技能目标

(1) 熟悉接触器控制双速电动机控制电路电气原理图、电器布置图及电器安装接线图。

(2) 掌握双速异步电动机控制的安装接线与调试方法。

【知识链接】

1．接触器控制双速电动机的控制线路

如图 6-41 所示为接触器控制的双速电动机的控制线路。

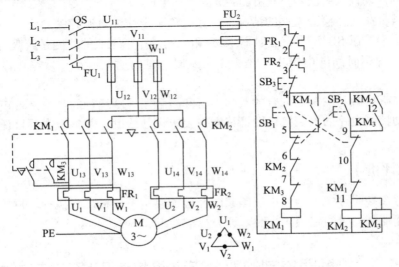

图 6-41　接触器控制的双速电动机的控制线路

主电路中有 3 组主触点：KM_1、KM_2、KM_3。当 KM_1 主触点闭合时，电动机定子绕组接成三角形，低速转动；当 KM_1 主触点断开，而 KM_2 和 KM_3 两组主触点闭合时，电动机定子绕组接成双星形，高速运转。

2．接触器控制双速电动机工作原理

低速运行时：先合上 QS，按下低速启动按钮 SB_1→主接触器 KM_1 得电并自锁→电动机 M 低速连续运行，同时 KM_1 的常闭触点断开，切断接触器 KM_2、KM3 的线圈回路，实现对 KM_2、KM_3 的互锁。

高速运行时：按下启动按钮 SB_2→接触器 KM_1 的线圈失电→KM_1 的常开辅助触点断开解除自锁→同时 KM_1 的主触点断开→电动机停转→同时 KM_1 的常闭辅助互锁触点恢复闭合→KM_2 线圈得电→KM_2 常闭触点分断，实现对 KM_1 的互锁，同时 KM_2 常开触点闭合自锁，KM_2 主触点闭合；按下 SB_2 时，KM_3 线圈得电→KM_3 主触点闭合→KM_3 的常开辅助触

点闭合自锁→KM_3 的常闭触点分断开电动机 M 绕组接成星形降压启动，同时 KT 的线圈得电而开始延时，KM_3 的互锁触点断开实现对 KM_1 的互锁；此时 KM_2 与 KM_3 同时得电吸合，电动机绕组接为 YY 高速运行。

注意：变极调速时的电动机必须为 △/YY 的接线方式，这种调速方法只能使电动机获得两个及两个以上的转速，且不可能获得连续可调。

【技能训练】

1. 技能训练器材

(1) 钢丝钳、尖嘴钳、剥线钳、电工刀 1 套/组；

(2) 接线板、万用表 1 套/组；

(3) 任务所需电气元件。

2. 技能训练内容及要求

接触器控制双速电动机的控制线路安装、接线与调试步骤如下：

(1) 检查电气元件。参考本项目任务 1 有关内容。

(2) 绘制电器布置图及电器安装接线图。自编安装接线图，并且熟悉工艺要求，经指导教师审查合格后，开始安装训练。

(3) 检查与接线。

注意：接线时，注意主电路中 KM_1、KM_2 中两种转速下电源相序的改变，不能接错，否则，两种转速下电动机的转向相反，换向时将会产生很大的冲击电流。

控制双速电动机低速△接法的接触器 KM_1 和高速 YY 形接法的 KM_2 的主触头注意相序，否则易造成电源短路事故。

热继电器 FR_1、FR_2 的整定电流及其在主电路中的接线不能搞错。

通电试车前，要复验一下电动机接线是否正确，并测试绝缘电阻是否符合要求。

通电试车时，必须有指导老师现场监护，并用转速表测量电动机的转速。

(4) 试车。

① 空训练试验。合上刀开关 QS，按照双重联锁控制线路的步骤进行试验，分别检查各控制、保护环节的动作。正常后，再训练 SB_2 使 KM 得电动作。

② 带负荷试车。如出现电动机不能控制的情况，应立即停车检查。

(5) 故障检修。人为设置电气故障和自然故障两处。自编检修步骤，寻找故障原因，最后解决问题。经指导教师审查合格后开始检修。

【技能考核评价】

本任务考核参照《中级维修电工国家职业技能鉴定考核标准》执行，时间定额为 3.5

小时，评分标准参考表 6-2。

习 题

1. 简答题

(1) 什么是低压电器？

(2) 熔断器主要由哪几部分组成？各部分的作用是什么？

(3) 交流接触器主要是由哪几部分组成的？

(4) 热继电器能否作短路保护？为什么？

(5) 自动空气开关有哪些保护功能？这些保护功能分别由哪些部件完成？

(6) 如何测量电气控制线路电动机的相电压、线电压、相电流和线电流？

(7) 三相电动机正反转控制线路中，为什么要采用互锁？当互锁触头接错后，会出现什么现象？

2. 拓展题

完成电动机星-三角(Y-△)降压启动控制线路的安装与检测。

项目七　机床电气控制电路的检测与维修

　　机床是工农业生产中的重要设备，各类机床型号繁多功能各异，其控制电路也存在着很大的差别。本项目通过典型机床控制电路的学习，进行归纳总结和推敲，抓住各类机床的特殊性与普遍性。要求重点学会阅读、分析机床电气控制电路的原理图；学会常见故障的分析方法以及维修技能。并能做到举一反三，触类旁通。

　　本项目主要介绍了 CA6140 型车床、Z37 型摇臂钻床、20 t/5 t 桥式起重机、M7130 型平面磨床、X62W 型万能铣床的基本结构和主要运动形式，要求掌握其基本的控制工作原理，在熟悉电路图的基础上进行电气故障的分析与检修。

任务　机床电气故障的分析与检修

【任务引入】

　　检修机床电路是一项技能性很强而又细致的工作。当机床在运行时一旦发生故障，检修人员首先要对其进行认真的检查，并经过周密的思考，然后作出正确的判断，找出故障源，最后着手排除故障。

　　不仅能对机床控制电路进行测试，而且能掌握电气故障分析和判断的方法，是维修电工必需的技能，只有这样才能胜任维修电工的工作。

【学习目标】

1. 知识目标

（1）掌握 CA6140 型车床电气控制线路的分析方法。

（2）熟悉 Z37 型摇臂钻床的基本结构和主要运动形式，掌握其线路的工作原理。

（3）熟悉 20 t/5 t 桥式起重机电气控制线路的构成和工作原理。

（4）了解 M7130 型平面磨床的主要结构和运动形式，掌握其电气控制线路的工作原理。

（5）了解 X62W 型万能铣床的主要结构和运动形式，掌握其线路的工作原理。

2. 技能目标

(1) 在熟悉电路图的基础上进行电气故障的分析与检修。

(2) 掌握 CA6140 型车床电气控制线路故障的分析与检修。

(3) 掌握 Z37 型摇臂钻床控制线路故障的分析与检修。

(4) 掌握 20 t/5 t 桥式起重机电气控制线路的维护和维修。

(5) 掌握 M7130 型平面磨床电气控制线路的维护和维修。

(6) 能够排除 X62W 型万能铣床的电气故障。

(7) 培养分析问题和解决问题的能力。

【知识链接】

1. 机床电气控制电路的故障分析方法

1) 阅读机床电气原理图的方法

掌握阅读原理图的方法和技巧，对于分析电气电路、排除机床电路故障是十分有意义的。机床电气原理图一般由主电路、控制电路、照明电路、指示电路等几部分组成。阅读方法如下。

(1) 主电路的分析。阅读主电路时，关键是先了解主电路中有哪些用电设备，主要起什么作用，由哪些电气来控制，采取哪些保护措施。

(2) 控制电路的分析。阅读控制电路时，根据主电路中接触器的主触点编号，能很快找到相应的线圈以及控制电路，并能依次分析出电路的控制功能。从简单到复杂，从局部到整体，最后综合起来分析，就可以全面读懂控制电路。

(3) 照明电路的分析。阅读照明电路时，查看变压器的变比、灯泡的额定电压。

(4) 指示电路的分析。阅读指示电路时，了解这部分内容很重要的一点是当电路正常工作时，为机床正常工作状态的指示；当机床出现故障时，为机床故障信息反馈的依据。

2) 机床电气控制电路故障的一般分析方法

(1) 修理前的调查研究。

① 问。询问机床操作人员，故障发生前后的情况如何，有利于根据电气设备的工作原理来判断发生故障的部位，并分析出产生故障的原因。

② 看。观察熔断器内的熔体是否熔断，其他电气元件有否烧毁、发热、断线，导线连接螺钉是否松动，触点是否氧化、积尘等。要特别注意高电压、大电流的地方，活动机会多的部位，容易受潮的接插件等。

③ 听。电动机、变压器、接触器等正常运行时的声音和发生故障时的声音是有区别的，听声音是否正常，可以帮助寻找故障的范围或部位。

④ 摸。电动机、电磁线圈、变压器等发生故障时，温度会显著上升，可切断电源后用手去触摸判断元器件是否正常。

注：不论电路是通电还是断电，都要特别注意不能用手直接去触摸金属触点！必须借助仪表来测量。

(2) 从机床电气原理图进行分析。首先熟悉机床的电气控制电路，然后结合故障现象，对电路工作原理进行分析，便可以迅速判断出故障发生的可能范围。

(3) 检查方法。根据故障现象分析，先弄清属于主电路的故障还是控制电路的故障，属于电动机的故障还是控制设备的故障。当故障确认以后，应该进一步检查电动机或控制设备，必要时可以采用替代法，即用好的电动机或用电设备来替代。属于控制电路的故障，应该先进行一般的外观检查，检查控制电路的相关电气元件，如接触器、继电器、熔断器等有无硬裂、烧痕、接线脱落、熔体是否熔断等现象，同时用万用表检查线圈有无断线、烧毁，触点是否熔焊。外观检查找不到故障时，将电动机从电路中卸下，对控制电路逐步检查，可以进行通电吸合试验，观察机床电气元件是否按要求顺序动作，发现哪部分动作有问题，就在哪部分找故障点，逐步缩小故障范围，直到排除全部故障为止，绝不能留下隐患。有些电气元件的动作是由机械配合或靠液压推动的，应会同机修人员进行检查处理。

(4) 无电气原理图时的检查方法。首先，查清不动作的电动机工作电路。在不通电的情况下，以该电动机的接线盒为起点开始查找，顺着电源线找到相应的控制接触器，然后以此接触器为核心，一路从主触点开始，继续查到三相电源，查清主电路；另一路从接触器线圈的两个接线端子开始向外延伸，经过什么电器，弄清控制电路的来龙去脉。必要时，边查找边画出草图。若需拆卸，则要记录拆卸的顺序、电气结构等，再采取排除故障的措施。

(5) 检修机床电气故障时的注意事项：

① 检修前应将机床清理干净。

② 将机床电源断开。

③ 电动机不能转动，要从电动机有无通电，控制电动机的接触器是否吸合入手，绝不能立即拆修电动机。通电检查时，一定要先排除短路故障，在确认无短路故障后方可通电，否则会造成更大的事故。

④ 当需要更换熔断器的熔体时，必须选择与原熔体型号相同的，不得随意扩大，以免造成意外的事故或留下更大的后患。因为熔体的熔断，说明电路存在较大的冲击电流，如短路、严重过载、电压波动很大等。

⑤ 热继电器的动作、烧毁，也要求先查明过载原因，否则故障还是会复发的。并且修复后一定要按技术要求重新整定保护值，并要进行可靠性试验，以避免发生失控。

⑥ 用万用表电阻挡测量触点、导线通断时，量程置于"$R \times 1\,\Omega$"挡。

⑦ 如果要用兆欧表检测电路的绝缘电阻，则应断开被测支路与其他支路的联系，避免影响测量结果。

⑧ 在拆卸元件及端子连线时，特别是对不熟悉的机床，一定要仔细观察，理清控制电路，千万不能蛮干。要及时做好记录、标号，避免在安装时发生错误，方便复原。螺钉、垫片等放在盒子里，被拆下的线头要做好绝缘包扎，以免造成人为的事故。

⑨ 试车前先检测电路是否存在短路现象。在正常的情况下进行试车，应当注意人身及设备安全。

⑩ 机床故障排除后，一切要恢复到原状。

3) 机床电气控制电路电阻法检查故障举例

检查故障的方法有电阻法、电压法、短接法等。下面主要介绍电阻法检查故障。电阻法检查故障可以分为通电观察故障现象、检查并排除电路故障、通电试车复查三个过程。

(1) 通电观察故障现象：

第一步：验电。合上实验台上的电源开关(空气开关)，用电笔检查电动机控制线路进线端(端子排)是否有电，检查电动机控制线路电源开关(组合开关代用)上接线桩是否有电；合上电源开关，检查电源开关下接线桩、熔断器上接线桩、熔断器下接线桩是否有电，检查有金属外壳的电器是否漏电。若一切正常，则可进行下一步通电试验。

第二步：通电试验，观察故障现象，确定故障范围。根据故障现象确定可能产生故障的原因，然后切断电源(注意最后一定切断实验台上的电源开关)，并在电路图上画出检查故障的最短路径。

如图 7-1 所示是顺序启动逆序停止控制线路原理图(设电路只有一处故障)，按下启动按钮 SB2 时，M1 电动机不能启动，故障是在从 FU2 熔断器→1 号线→FR1 常闭触头→2 号线→FR2 常闭触头→3 号线→SB1 常闭触头→4 号线→SB2 常开触头→5 号线→KM1 线圈→9 号线的路径中。

(2) 检查并排除电路故障：

把万用表从空挡切换到 $R \times 10$ 或 $R \times 100$ 电阻挡，并进行电气调零。调零后，可利用二分法，把万用表的一支表棒(黑表棒或红表棒)搭在所分析最短故障路径的起始端(或末端)，在图 7-1 中，按下启动按钮 SB2，M1 电动机不能启动，把万用表的一支表棒(黑表棒或红表棒)搭在图 7-1 中 1 号线所接的 FU2 接线桩，另一支表棒搭在所判断故障路径中间位置电气元件的接线桩上，如 4 号线所接的 SB1 接线桩。(两表棒间如有启动按钮，应按下启动按钮)此时，万用表指针应指向零位，表明故障不在两表棒间的电路路径：1 号线→FR1 常闭触头→2 号线→FR2 常闭触头→3 号线→SB1 常闭触头中，而在所分析故障路径的另一半路径中(若电阻为 "∞"，则表明故障在此路径中，如两表棒间有线圈，无故障时电阻值应为线圈直流电阻值，为 1800～2000 Ω)。

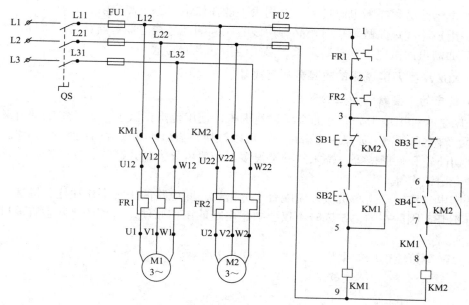

图 7-1　顺序启动逆序停止控制线路图

　　再用万用表检查另一半电路，上例中把万用表的一支表棒(黑表棒或红表棒)搭在 5 号线所接的 SB2 接线桩，另一支表棒搭于 9 号线所接的 FU2 接线桩，电阻应为 1800～2000 Ω，则路径：SB2 常开触头→5 号线→KM1 线圈→9 号线→熔断器 FU2 无故障，故障应在 SB1→SB2 的 4 号线。用万用表测量 SB1→SB2 的 4 号线电阻为"∞"，故障判断正确。然后用短接线连接 SB1→SB2 的 4 号线排除故障。

　　以上第二步判断由于只有 2 段线，因此也可用万用表一段线一段线地检查，直至找到故障点，找到后用短线连接故障点排除故障。(检查的 2 段线分别是 SB1→SB2 的 4 号线、SB2 常开触头→KM1 线圈→熔断器 FU2 的 9 号线→检查排除故障。)

　　(3) 通电试车复查，完成故障排除任务。

　　试车前先用万用表初步检查控制电路的正确性。

　　① 上例顺序启动逆序停止控制线路，用万用表的 $R \times 10$ 或 $R \times 100$ 电阻挡，搭在控制回路熔断器 FU2 的 9 号线与 1 号线之间，按下启动按钮 SB2，电阻应为 1800～2000 Ω。

　　② 模拟 KM1 通电吸合状态(指导教师允许时)，手动使 KM1、KM2 同时通电处于吸合状态，电阻也为 900～1000 Ω，则电路功能正常。

　　再按(1)和(2)步骤通电试车。试车成功，拆除短路线，整理好工作台，并把万用表打回空挡，完成故障排除任务。

　　(4) 故障排除过程中注意事项：

　　① 检查电路，必须检查有金属外壳的元器件外壳是否漏电。

② 电阻法必须在断电时使用，万用表不能在通电状态下测电阻。

③ 用短路线短路故障点时，必须用线号相同的同号线才能短路。

④ 如需再次试电观察故障现象，必须经指导老师同意。

2. X62W 型万能铣床的故障分析与排除

1) 铣床的主要结构和运动形式

铣床是一种用途十分广泛的金属切削机床，使用范围仅次于车床。铣床可用来加工工件平面、斜面和沟槽；如果装上分度头，可以铣切直齿齿轮和螺旋面；如果装上圆工作台，可以铣切凸轮和弧形槽等。铣床的种类很多，一般可分为卧式铣床、立式铣床、龙门铣床和各种专用铣床等。

铣床电气控制电路与机械系统配合十分密切。其电路的正常工作往往和机械系统正常工作分不开，因此在学习铣床时不仅要熟悉电路的工作原理，而且还要熟悉有关机械系统的工作原理。

X62W 型万能铣床的型号及其涵义如图 7-2 所示。

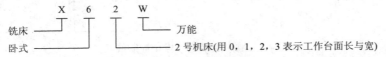

图 7-2　X62W 型铣床的型号及其涵义

由于铣床的加工范围较广，运动形式较多，其结构也较复杂。X62W 型万能铣床的主要结构如图 7-3 所示，主要是由床身、底座、悬梁、刀架支架、升降台、滑座和工作台等组成。床身固定于底座上，用于安装和支承铣床的各部件，在床身内还装有主轴部件、主传动装置及变速操纵机构等。床身顶部的导轨上装有带着 1 个或 2 个刀杆支架的悬梁，刀

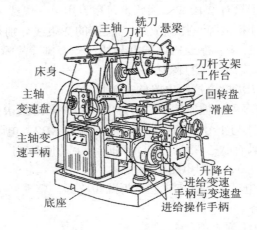

图 7-3　X62W 型万能铣床结构图

杆支架用来支承铣刀心轴的一端，心轴另一端则固定在主轴上，由主轴带动铣刀切削。悬梁可以水平移动，刀杆支架可以在悬梁上水平移动，以便安装不同的心轴。床身的前面有垂直导轨，升降台可沿着它上、下移动。升降台内装有进给运动和快速移动的传动装置及其操纵机构等。在升降台的水平导轨上装有滑座，可以沿导轨作平行于主轴轴线方向的横向移动。工作台又经过回转盘装在滑座的水平导轨上，可以沿导轨作垂直于主轴轴线方向的纵向移动。工作台上由 T 形槽来固定工件，这样安装在工作台上的工件就可以在 3 个坐标轴的 6 个方向上调整位置或进给。此外，由于回转盘还可以使工作台左右转动 45°角，因此工作台在水平面上除了可以作横向和纵向进给外，还可以实现在不同角度的各个方向上的进给，用以铣削螺旋槽。

由此可见，X62W 卧式万能铣床是使工件随工作台作进给运动，利用主轴带动铣刀的旋转来实现铣削加工的。铣床的主运动是主轴带动刀杆和铣刀的旋转运动，进给运动是指工作台带动工件在水平的纵、横及垂直 3 个方向的运动，而辅助运动是工作台在 3 个方向的快速移动。

2) 铣床的电力拖动形式和控制要求

铣床的主运动和进给运动各由一台电动机来拖动，这样铣床的电力拖动系统一般由主轴电动机、进给电动机和冷却泵电动机 3 台电动机所组成。万能铣床对电力拖动及控制、保护的具体要求是：

(1) 铣床的主运动由一台三相笼型异步电动机拖动，直接启动，主轴电动机需要正、反转，但方向的改变并不频繁。根据加工工艺的要求，有的工件需要顺铣，有的工件则需要反铣。大多数情况下是一批或多批工件只用一个方向铣削，并不需要经常改变电动机转向，因此，可通过转换开关改变电源相序来实现主轴电动机的正、反转。

(2) 铣刀的切削是一种不连续切削，容易使机械传动系统发生振动，为了避免这种现象，在主轴上装有飞轮，但在高速切削后，停车需要很长时间，要求主轴在停车时有电气制动。

(3) 工作台可以作 6 个方向的进给运动，还可在 6 个方向上快速移动。其进给运动和快速移动均由同一台笼型异步电动机拖动，直接启动，能够正、反转。

(4) 为防止刀具和机床的损坏，3 台电动机之间要求有连锁控制，即在主轴电动机启动之后另两台电动机才能启动运行。

(5) 主轴运动和进给运动采用变速盘来进行速度选择，为保证变速齿轮进入良好的啮合状态，两种运动都要求变速后作瞬时点动。

(6) 冷却泵电动机只要求单向旋转。

(7) 具有完善的保护措施。

3) X62W 型万能铣床电气控制电路分析

X62W 型万能铣床的电气控制电路有多种，图 7-4 所示为经过改进的电路。

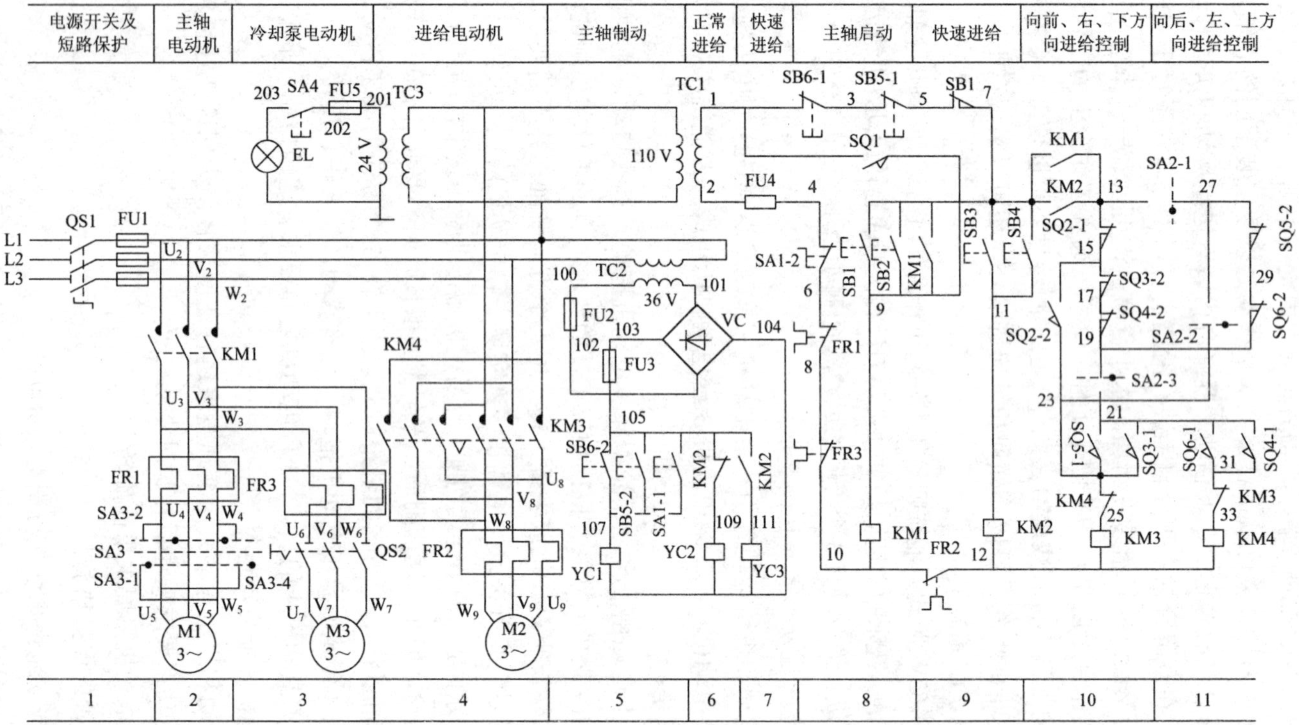

图 7-4 X62W 型万能铣床电气原理图

(1) 主电路分析：

转换开关 QS1 为电源总开关，熔断器 FU1 作全电路的短路保护，主电路有 3 台电动机，M1 为主轴电动机，拖动主轴带动铣刀进行铣削加工，由接触器 KM1 控制运行，由转换开关 SA3 预选其转向。M2 为工作台进给电动机，拖动升降台及工作台进给，由 KM3、KM4 实现正、反转控制。M3 为冷却泵电动机，供应冷却液，由 QS2 控制其单向旋转，且必须在 M1 启动后才能运行。3 台电动机分别由热继电器 FR1、FR2、FR3 提供过载保护。

(2) 控制电路分析：

由控制变压器 TC1 提供 110 V 工作电压，FU4 提供变压器二次侧的短路保护。该电路的主轴制动、工作台常速进给和快速进给分别由控制电磁离合器 YC1、YC2、YC3 实现，电磁离合器需要的直流工作电压由变压器 TC2 降压后经桥式整流器 VC 提供，FU2、FU3 分别提供交、直流侧的短路保护。

① 主轴电动机 M1 的控制。M1 由交流接触器 KM1 控制，为操作方便，在机床的不同位置各安装了一套启动和停车按钮。SB2 和 SB6 装在床身上，SB1 和 SB5 装在升降台上。YC1 是主轴制动用的电磁离合器，SQ1 是主轴变速冲动的行程开关。主轴电动机是经过弹性联轴器和变速机构的齿轮传动链来实现传动的，可使主轴获得 18 级不同的转速。对 M1 的控制包括有主轴的启动、停车制动、换刀制动和变速冲动。

a. 主轴电动机的启动。启动前先合上电源开关 QS1，再把主轴转换开关 SA3 扳到所需要的旋转方向，然后按下启动按钮 SB1(或 SB2)，接触器 KM1 线圈通电动作，KM1 主触点闭合，主轴电动机 M1 启动。

b. 主轴电动机的停车制动。铣削完毕后，需要主轴电动机 M1 停车时，按下停止按钮 SB5-1(或 SB6-1)，接触器 KM1 线圈断电释放，电动机 M1 断电，同时由于 SB5-2 或 SB6-2 接通电磁离合器 YC1，压紧摩擦片，对主轴电动机 M1 进行制动。停转过程中，应按住 SB5(或 SB6)直至主轴停转后方可松开停止按钮，一般主轴的制动时间不超过 0.5 s。

c. 主轴的变速冲动控制。主轴的变速是通过改变齿轮的传动比实现的。在需要变速时，将变速手柄拉出，转动变速盘调节所需的转速，然后再将变速手柄复位。在手柄复位的过程中，瞬间压动了行程开关 SQ1，手柄复位后，SQ1 也随之复位。在 SQ1 动作的瞬间，SQ1 的 1 动断触点(5—7)先断开其他支路，然后动合触点(1—9)闭合，点动控制 KM1→M1，由于齿与齿之间的位置不能刚好对上，因而会造成啮合困难。若在啮合时齿轮系统点动一下，啮合将变得比较方便；如果点动一次齿轮还不能完全啮合，可重复进行上述动作。

d. 主轴换刀时的制动。主轴上刀或更换铣刀时，为避免主轴转动，造成更换困难，应使主轴处于制动状态。只要将转换开关 SA1 扳至"接通"位置，其动断触点 SA1-2(4—6)断开，切断控制电路，机床无法运行，保证了人身安全，同时，动合触点 SA1-1(105—107)闭合，电磁离合器 YC1 通电，使主轴处于制动状态。换刀结束后，要记住将 SA1 扳回"断开"位置。

② 进给运动的控制。工作台的进给运动分为常速(工作)进给和快速进给，常速进给必须在 M1 启动运行后才能进行，而快速进给属于辅助运动，可在 M1 不启动的情况下进行。工作台在 6 个方向的进给运动是由机械操作手柄带动相关的行程开关 SQ3～SQ6 控制接触器 KM3、KM4 来实现的。其中，SQ5 和 SQ6 分别控制工作台的向右和向左运动，而 SQ3 和 SQ4 则分别控制工作台的向前、向下和向后、向上运动。

进给拖动系统使用的两个电磁离合器 YC2 和 YC3 都安装在进给传动链中的第 4 根传动轴上。当 YC2 吸合而 YC3 断开时，为常速进给；当 YC3 吸合而 YC2 断开时，为快速进给。转换开关 SA2 是圆工作台的控制开关，在不需要圆工作台运动时，转换开关 SA2 扳到"断开"位置，此时 SA2-1 接通；SA2-2 断开，SA2-3 接通；当需要圆工作台工作时，将转换开关 SA2 扳到"接通"位置，则 SA2-1 断开，SA2-2 接通，SA2-3 断开。

a. 工作台纵向进给运动。工作台纵向进给运动是通过操纵手柄来实现的。手柄有左、右和零位(停止)三个位置。当手柄扳到向左或向右位置时，手柄压下行程开关 SQ6 或 SQ5，同时通过机械机构将电动机的传动链拨向工作台下面的丝杠上，使电动机的动力传到该丝杠上，工作台在丝杠带动下作左右进给运动。在工作台两端各设置一块挡铁，当工作台纵向运动到极限位置时，挡铁撞动纵向操作手柄，使它回到中间位置，工作台停止运动，从而实现纵向运动的终端保护。

操作手柄扳向右边→行程开关 SQ5 动作→其动断触点 SQ5→2(27—29)先断开，动合触点 SQ5-1(21—23)后闭合→KM3 线圈通过(13—15—17—19—21—23—25)路径通电→M2 正转，工作台向右运动。若将操作手柄扳向左边→SQ6 动作→KM4 线圈通电→M2 反转→工作台向左运动。

b. 工作台横向与垂直进给运动。操纵工作台上下和前后运动是用同一手柄完成的。该手柄有 5 个位置，即上、下、前、后和中间位置。当手柄扳至向上或向下时，机械上接通了垂直进给离合器；当手柄扳至向前或向后时，机械上接通了横向进给离合器；手柄在中间位置时，横向和垂直进给离合器均不能接通。

在手柄扳至向下或向前位置时，手柄通过机械联动机构使行程开关 SQ3 被压下，接触器 KM3 通电吸合，电动机正转；当手柄扳到向上或向后位置时，行程开关 SQ4 被压下，接触器 KM4 通电吸合，电动机反转。对应操纵手柄的 5 个位置，可列出与之对应的运动状态，见表 7-1。

表 7-1　工作台横向与垂直操作手柄功能

手柄位置	工作台运动方向	离合器接通的丝杠	行程开关动作	接触器动作	电动机运转
向上	向上进给或快速向上	垂直丝杠	SQ4	KM4	M2 反转
向下	向下进给或快速向下	垂直丝杠	SQ3	KM3	M2 正转
向前	向前进给或快速向前	横向丝杠	SQ3	KM3	M2 正转
向后	向后进给或快速向后	横向丝杠	SQ4	KM4	M2 反转
中间	升降或横向停止	横向丝杠			

下面就以向上运动为例分析电路的工作情况，其他的动作情况可自行分析。

将十字开关手柄扳至"向上"位置时→SQ4 的动断触点 SQ4-2(17—19)先断开，其动合触点 SQ4-1(21—31)后闭合→KM4 线圈经(13—27—29—19—21—31—33)路径通电→M2 反转→工作台向上运动。

c. 进给变速冲动。和主轴变速一样，进给变速时，为使齿轮进入良好的啮合状态，也要作变速后的瞬时点动。进给变速冲动由行程开关 SQ2 控制，在操纵进给变速手柄和变速盘时，瞬间压动了行程开关 SQ2，在 SQ2 通电的瞬间，其动断触点 SQ2-1(13—15)先断开，而动合触点 SQ2-2(15—23)后闭合，接触器 KM3 线圈经(13—27—29—19—17—15—23—25)路径通电，点动 M2 正转。由 KM3 的通电路径可见，只有在进给操作手柄均处于零位(即 SQ3～SQ6 均不动作)时，才能进行进给变速冲动。

d. 工作台的快速移动。为了提高劳动生产率，减少生产辅助时间，X62W 型万能铣床在加工过程中，要求工作台快速移动，当进入铣切区时，要求工作台以原进给速度移动。

安装好工件后，要使工作台在 6 个方向上快速进给，在按常速进给的操作方法操纵进给控制手柄的同时，还需要按下按钮 SB3 或 SB4(两地控制)，使接触器 KM2 线圈通电吸合，其动断触点(105—109)切断电磁离合器 YC2 线圈支路，动合触点(105—111)接通 YC3 线圈支路，使机械传动机构改变传动比，实现快速进给。由于与 KM1 的动合触点(7—13)并联了 KM2 的一个动合触点，所以在 M1 不启动的情况下，也可以进行快速进给。

③ 圆工作台的控制。为了扩大机床的加工能力，可在机床上安装附件圆形工作台，这样可以进行圆弧或凸轮的铣削加工。在拖动时，所有进给系统均停止工作(手柄放置于零位上)，只让圆工作台绕轴心回转。

当工件在圆工作台上安装好以后，用快速移动方法，将铣刀和工件之间位置调整好，把圆工作台控制开关 SA2 拨到"接通"位置，此时 SA2-1 和 SA2-3 断开，SA2-2 接通。在主轴电动机 M1 启动的同时，KM3 线圈经(13—15—17—19—29—27—23—25)的路径通电吸合，使电动机 M2 正转，带动圆工作台正转运动，使圆工作台绕轴心回转，铣刀铣出圆弧。由 KM3 线圈的通电路径可见，只要扳动工作台进给操作的任何一个手柄，SQ3～SQ6

其中一个行程开关的动断触点断开，都会切断 KM3 线圈支路，使圆工作台停止运动，从而保证了工作台的进给运动和圆工作台的旋转运动不会同时进行。

(3) 冷却和照明控制：

冷却泵只有在主轴电动机启动后才能启动，所以主电路中将冷却泵电动机 M3 接在接触器 KM1 主触点后面，同时又采用开关 QS2 控制。

机床照明灯 EL 由变压器 TC3 供给 24 V 的工作电压，SA4 为灯开关，FU5 提供短路保护。

(4) 其他连锁与保护：

① 工作台限位保护。在工作台的 6 个方向上各设有一块挡铁，当工作台移动到极限位置时，挡铁撞动进给手柄，使进给手柄回到中间零位，所有进给行程开关复位，从而实现行程限位保护。

② 工作台垂直和横向运动、工作台纵向运动之间的连锁。单独对垂直和横向操作手柄而言，上、下、前、后 4 个方向只能选择其一，绝不会出现两个方向的可能性。在操作过程中，上、下、前、后 4 个方向中的某个方向进给时，又将控制纵向的手柄扳动了，这时将会有两个方向进给，造成机床重大事故，因此，需要加入必要的连锁保护。由原理图可以看到，若纵向手柄扳到任一方向，SQ5-2 或 SQ6-2 两个行程开关中的一个被压开，接触器 KM3 或 KM4 失电，电动机 M2 停转，从而得到保护。同理，当纵向操作手柄扳向某个方向而选择了向左或向右进给时，SQ5 或 SQ6 被压下，它们的动断触点 SQ5-2 或 SQ6-2 是断开的，接触器 KM3 或 KM4 均是由 SQ3-2 和 SQ4-2 接通。若发生误操作，使垂直和横向操作手柄扳离了中间位置，而选择上、下、前、后某个方向的进给，就一定使 SQ3-2 或 SQ4-2 断开，使 KM3 或 KM4 断电释放，电动机 M2 停止运转，避免了机床事故。

③ 过载保护。当主轴电动机和冷却泵电动机过载时，热继电器 FR1、FR3 断开，控制电路断电，所有动作被停止。当进给电动机过载时，热继电器 FR2 断开，工作台无进给和快速运动。

④ 进给电动机正、反转互锁。接触器 KM3、KM4 的辅助动断触点分别串联在对方线圈回路，实现了进给电动机的正反、转互锁，避免在故障状态下的电源短路。

⑤ 工作台进给与快速移动的互锁。接触器 KM2 的动合触点(105—111)和动断触点(105—109)分别控制工作台快速进给和工作台正常进给，实现了进给与快速移动的互锁，保护了传动机构。

4) X62W 型万能铣床故障的分析与排除

(1) 故障一：

① 故障现象：制动正常，进给都不正常。

② 故障原因：FU1 熔断；TC 损坏；FU4 熔断；FR1、FR2 过载保护等。

③ 排除方法：按惯例先查 FU1，马上就会发现 L1 相的 FU1 熔断器发生故障。更换熔体前需要进一步检查电动机 M1、M2、M3 以及它们的主电路、变压器 TC 是否有短路，确定无短路故障，而是由瞬间大电流冲击而造成的，那就必须要更换熔体，故障即排除。

④ 模拟故障：25 点假设电路已经不存在短路故障。合上 QS，经查，FU1 上、下桩头的电压是正常的，变压器 TC 的初级绕组无电压；断开 QS，当用万用表电阻挡测量 FU1 线与 TC 线间电阻为无穷大时，表明两线间已断开，恢复模拟故障点开关，故障排除。

(2) 故障二：

① 故障现象：主轴电动机不转动，伴有很响的"嗡嗡"声。

② 故障原因：首先肯定主轴电动机缺相，FU1、KM1 主触点、FR1、SA3、M1 等有一相已经断路。

③ 排除方法：查主轴电动机 M1 的主电路。

a. 断开电动机。通电查 FU1 上、下桩头的电压是正常的，KM1 主触点上桩头间电压是正常(380 V)的，下桩头电压不正常。断电后，拆下 KM1 的灭弧罩，测量 KM1 主触点接触不良。修复触点或更换接触器，故障排除。

b. 用电阻挡测量主轴电机 M1 的主电路，从 FU1 到电动机 M1 的接线盒，查得 KM1 主触点断开。修复触点或更换接触器，故障排除。

④ 模拟故障：2 点断开电动机，通电查 FU1 上、下桩头的电压是正常的，KM1 主触点下桩头、下桩头电压是正常(380 V)的，而 SA3 上桩头电压不正常。断电后，查 KM1 线至 SA3 线有断点，恢复模拟故障点开关，故障排除。

注：缺相检查通电时间不能超过 1 min，以免烧毁电动机。

(3) 故障三：

① 故障现象：有制动，其他控制电路都不工作。

② 故障原因：FU1 熔断；TC 损坏；FU4 熔断；KM1 损坏；FR1、FR2 过载保护等。

③ 排除方法：经查，变压器 TC 初级、次级绕组的电压正常，TC 与 FU4 电压不正常，说明变压器的次级绕组回路断开。更换熔断器 FU4，故障排除。

④ 模拟故障：9 点查变压器 TC1 初级、次级绕组的电压(380 V/110 V)正常，线与 FU4 上桩头线电压不正常，说明 FU4(108 号)号引线至(104 号)线断开。恢复模拟故障点开关，故障排除。

(4) 故障四：

① 故障现象：圆工作台正常、进给冲动正常，其他进给都不动作。

② 故障原因：故障范围被锁定在左右、上下、前后进给的公共通电路径。根据圆工作台进给冲动工作正常，从而得知故障点就在 SA2-3 触点或连线上。

③ 排除方法：

a. 用电阻法，断开 SA2-3 一端接线，经测量，SA2-3 触点电阻接触不良，故障排除。

b. 用电压法：先按下 SB1 或 SB2，接触器 KM1 吸合，经查，TC 次级绕组线与 SA1-2 线间电压正常(110 V)，TC 次级绕组(137 号)线与 SA1-2(117 号)线间电压不正常，触点 SA2-3 接触不良。修复拨盘开关，故障排除。

④ 模拟故障：在 SA2-3 触点间贴黑胶布。故障现象：圆工作台正常、进给冲动正常，其他进给都不正常。用电阻法：断开 SA2-3 一端接线，测量 SA2-3 触点电阻无穷大。

3. CA6140 型车床电气控制线路

1) CA6140 型车床的主要结构及型号涵义

车床是一种应用极为广泛的金属切削机床，能够车削外圆、内圆、端面、螺纹、切断及割槽等，并可以装上钻头或铰刀进行钻孔和铰孔等加工。图 7-5 所示为机械加工中应用较广的 CA6140 型卧式车床，它主要由床身、主轴箱、进给箱、溜板箱、方刀架、卡盘、尾架、丝杠和光杠等部分组成。

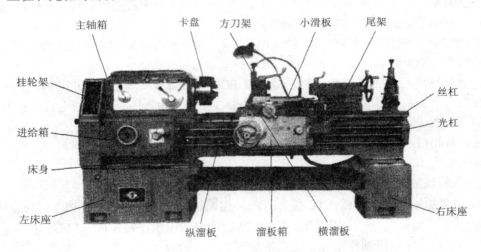

图 7-5　CA6140 型卧式车床外形与结构图

CA6140 型车床型号及其涵义如图 7-6 所示。

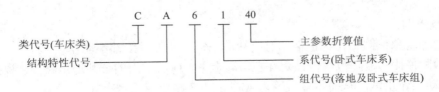

图 7-6　CA6140 车床型号及其涵义

2) CA6140 车床的主要运动形式及控制要求

CA6140 卧式车床的主要运动形式及控制要求见表 7-2。

表 7-2　卧式车床主要运动形式及控制要求

运动种类	运动形式	控　制　要　求
主运动	主轴通过卡盘或顶尖带动工件的旋转运动	(1) 主轴电动机选用三相笼型异步电动机，不进行电气调速，主轴采用齿轮箱进行机械有级调速。 (2) 车削螺纹时要求主轴有正、反转，一般由机械方法实现，主轴电动机只作单向旋转。 (3) 主轴电动机的容量不大，可采用直接启动
进给运动	刀架带动刀具的直线运动	由主轴电动机拖动，主轴电动机的动力通过挂轮箱传递给进给箱来实现刀具的纵向和横向进给。加工螺纹时，要求刀具的移动和主轴转动有固定的比例关系
辅助运动	刀架的快速移动	由刀架快速移动电动机拖动，该电动机可直接启动，不需要正、反转和调速
	尾架的纵向移动	由手动操作控制
	工件的夹紧与放松	由手动操作控制
	加工过程的冷却	冷却泵电动机和主轴电动机要实现顺序控制，冷却泵电动机也不需要正、反转和调速

3) CA6140 车床电气控制线路分析

(1) 绘制和识读机床电路图的基本知识。CA6140 卧式车床电路图如图 7-7 所示。一般机床电气控制线路所包含的电器元件和电气设备较多，其电路图的符号也较多，因此，为便于识读分析机床电路图，除前面介绍的绘制和识读电路图的一般原则之外，还应明确以下几点：

① 电路图按电路功能分成若干个单元，并用文字将其功能标注在电路图上部的栏内。例如图 7-7 所示电路图按功能分为电源保护、电源开关、主轴电动机等 13 个单元。

② 在电路图下部(或上部)划分若干图区，并从左向右依次用阿拉伯数字编号标注在图区栏内，通常是一条回路或一条支路划为一个图区。如图 7-7 所示电路图共划分了 12 个图区。

③ 电路图中，在每个接触器线圈下方画出两条竖直线，分成左、中、右三栏，每个继电器线圈下方画出一条竖直线，分成左、右两栏。把受其线圈控制而动作的触头所处的图区号填入相应的栏内，对备而未用的触头，在相应的栏内用记号"×"标出或不标出任何符号。见表 7-3 和表 7-4。

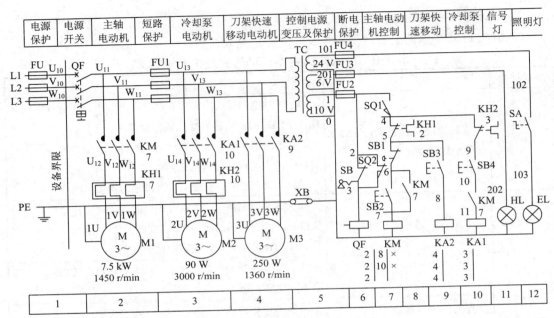

图 7-7　CA6140 卧式车床的电路图

表 7-3　接触器触头在电路中的标记

栏目	左栏	中栏	右栏
触头类型	主触头所处的图区号	辅助常开触头所处的图区号	辅助常闭触头所处的图区号
举例 **KM** 2 | 8 | × 2 | 10 | × 2 |	表示 3 对主触头均在图区 2	表示一对辅助常开触头在图区 8，另一对常开触头在图区 10	表示 2 对辅助常闭触头未用

表 7-4　继电器触头在电路中的标记

栏目	左栏	右栏
触头类型	常开触头所处的图区号	常闭触头所处的图区号
举例 **KA2** 4 | 4 | 4 |	表示 3 对常开触头均在图区 4	表示常闭触头未用

④ 电路图中触头文字符号下面用数字表示该电器线圈所处的图区号。图 7-5 所示电路图中，在图区 4 中有 "$\frac{KA2}{9}$"，表示中间继电器 KA2 的线圈在图区 9 中。

(2) 主电路分析。CA6140 卧式车床的电源由钥匙开关 SB 控制，将 SB 向右旋转，再扳动断路器 QF 将三相电源引入。电气控制线路中共有三台电动机：M1 为主轴电动机，带动主轴旋转和刀架作进给运动；M2 为冷却泵电动机，用以输送冷却液；M3 为刀架快速移动电动机，用以拖动刀架快速移动。其控制和保护电器见表 7-5。

表 7-5　主电路的控制和保护电器

名称及代号	作　用	控制电器	过载保护电器	短路保护电器
主轴电动机 M1	带动主轴旋转和刀架作进给运动	接触器 KM	热继电器 KH1	低压断路器 QF
冷却泵电动机 M2	输送冷却液	中间继电器 KA1	热继电器 KH2	熔断器 FU1
快速移动电动机 M3	拖动刀架快速移动	中间继电器 KA2	无	熔断器 FU1

(3) 控制电路分析。控制电路通过控制变压器 TC 输出的 110 V 交流电压供电，由熔断器 FU2 作短路保护。在正常工作时，行程开关 SQ1 的常开触头闭合。当打开床头皮带罩后，SQ1 的常开触头断开，切断控制电路电源，以确保人身安全。钥匙开关 SB 和行程开关 SQ2 在车床正常工作时是断开的，断路器 QF 的跳闸线圈不通电，断路器 QF 能合闸。当打开配电盘壁龛门时，SQ2 闭合，QF 的跳闸线圈获电，断路器 QF 自动断开，车床的电源切断。

① 主轴电动机 M1 的控制。

M1 启动：

按下 SB2 ⟶ KM 线圈得电 ⟶
- KM 自锁触头闭合
- KM 主触头闭合 ⟶ 主轴电动机 M1 启动运转
- KM 辅助常开触头闭合，为 KA1 得电作准备

M1 停止：

按下 SB1 ⟶ KM 线圈失电 ⟶ KM 触头复位断开 ⟶ M1 失电停转

② 冷却泵电动机 M2 的控制。主轴电动机 M1 和冷却泵电动机 M2 在控制电路中实现顺序控制，只有当主轴电动机 M1 启动后，KM 的常开触头闭合，合上旋钮开关 SB4，中间继电器 KA1 吸合，冷却泵电动机 M2 才能启动。当 M1 停止运行或断开旋钮开关 SB4 时，M2 将停止运行。

③ 刀架快速移动电动机 M3 的控制。刀架快速移动电动机 M3 的启动是由安装在进给

操作手柄顶端的按钮 SB3 控制的,它与中间继电器 KA2 组成点动控制环节。将操作手柄扳到所需移动的方向,按下 SB3,KA2 得电吸合,电动机 M3 启动运转,刀架沿指定的方向快速移动。刀架快速移动电动机 M3 是短时间工作,故未设过载保护。

(4) 照明与信号电路分析。控制变压器 TC 的二次侧输出 24 V 和 6 V 电压,分别作为车床低压照明和指示灯的电源。EL 为车床的低压照明灯,由开关 SA 控制,FU4 作短路保护;HL 为电源指示灯, FU3 作短路保护。

CA6140 卧式车床的电气元件明细表见表 7-6。

表 7-6　CA6140 卧式车床的电气元件明细表

代号	名　称	型号	规格	数量	用途
M1	主轴电动机	Y132M-4	7.5 kW、1450 r/min	1	主轴及进给传动
M2	冷却泵电动机	A02-5612	90 W、2800 r/min	1	供冷却液
M3	快速移动电动机	A02-7114	250 W、1360 r/min	1	刀架快速移动
KH1	热继电器	JR16-20/3	15.4 A	1	M1 过载保护
KH2	热继电器	JR16-20/3	0.32 A	1	M2 过载保护
KM	交流接触器	CJ7-20	线圈电压 110 V	1	控制 M1
KA1	中间继电器	JZ7-44	线圈电压 110 V	1	控制 M2
KA2	中间继电器	JZ7-44	线圈电压 110 V	1	控制 M3
SB1	按钮	LAY3-01ZS/1		1	停止 M1
SB2	按钮	LAY3-10/3		1	启动 M1
SB3	按钮	LA9		1	启动 M3
SB4	旋钮开关	LAY3-10X/20		1	控制 M2
SB	旋钮开关	LAY3-01Y/2		1	电源开关锁
SQ1、SQ2	行程开关	JWM6-11		2	断电保护
FU1	熔断器	RL1-15	熔体 6 A	3	M2、M3 短路保护
FU2	熔断器	RL1-15	熔体 1 A	1	控制电路短路保护
FU3	熔断器	RL1-15	熔体 1 A	1	信号灯短路保护
FU4	熔断器	RL1-15	熔体 2 A	1	照明电路短路保护
HL	信号灯	ZSD-0	6 V	1	电源指示
EL	照明灯	JC11	24 V	1	工作照明
QF	低压断路器	AM2-40	20 A	1	电源开关
TC	控制变压器	BK2-100	380 V/10 V/24 V/6 V	1	控制电路电源

4) CA6140 车床常见电气故障分析与检修方法

当需要打开配电盘壁龛门进行带电检修时,应将行程开关 SQ2 的传动杠拉出,使断路器 QF 仍可合上。关上壁龛门后，SQ2 复原恢复保护作用。

下面以主轴电动机不能启动的故障为例，介绍常见电气故障的检修方法和步骤。

合上电源开关 QF，按下启动按钮 SB2，电动机 M1 不启动，此时首先要检查接触器 KM 是否吸合，若 KM 不吸合，则故障必然发生在主电路，可按下列步骤进行检修。

(1) KM 不吸合的检修步骤。KM 不吸合的检修步骤如图 7-8 所示。

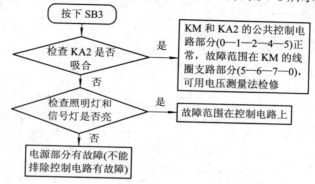

图 7-8　KM 不吸合的检修步骤

(2) KM 吸合的检修步骤。KM 吸合的检修步骤如图 7-9 所示。

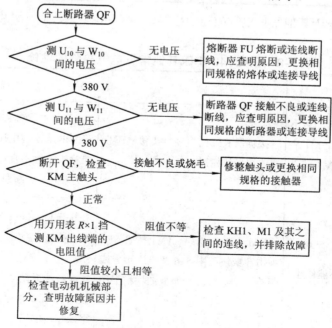

图 7-9　KM 吸合的检修步骤

(3) 用电压测量法检修。用电压测量法检修电路故障的方法见表 7-7。

表 7-7　电压测量法检修电路故障的方法

故障现象	测量线路及状态	5—6	6—7	7—0	故障点	排除方法
按下 SB2, KM 不吸合; 按下 SB3 时, KA2 吸合	 FU2　1—2　110V　0　SQ1　4　KH1　5　SB1　6　SB2　KM　7（按下 SB2 不放）	110 V	0	0	SB1 接触不良或接线脱落	更换 SB1 或将脱落线接好
		0	110 V	0	SB2 接触不良或接线脱落	更换 SB2 或将脱落线接好
		0	0	110 V	KM 线圈开路或接线脱落	更换线圈至或将脱落线接好

(4) CA6140 车床其他常见电气故障的检修。CA6140 车床其他常见电气故障的检修见表 7-8。

表 7-8　CA6140 车床其他常见电气故障的检修

故障现象	故障原因	处理方法
主轴电动机 M1 启动后不能自锁,即按下 SB2,M1 启动运转,松开 SB2,M1 随之停止	接触器 KM 的自锁触头接触不良或连接导线松脱	合上 QF,测 KM 自锁触头(6—7)两端的电压,若电压正常,则故障是自锁触头接触不良;若无电压,则故障是连线(6、7)断线或松脱
主轴电动机 M1 不能停止	KM 主触头熔焊;停止按钮 SB1 被击穿或线路中 5、6 两点连接导线短路;KM 铁芯端面被油垢粘牢不能脱开	断开 QF,若 KM 释放,说明故障是停止按钮 SB1 被击穿或导线短路;若 KM 过一段时间释放,则故障为铁芯端面被油垢粘牢;若 KM 不释放,则故障为 KM 主触头熔焊。可根据情况采取相应的措施来进行修复

故障现象	故障原因	处理方法
主轴电动机运行中停车	热继电器 KH1 动作,动作原因可能是电源电压不平衡或过低,整定值偏小,负载过重,连接导线接触不良等	找出 KH1 动作的原因,排除后使其复位
照明灯 EL 不亮	灯泡损坏,FU4 熔断,SA 触头接触不良,TC 二次绕组断线或接头松脱,灯泡和灯头接触不良等	根据具体情况采取相应的措施修复

4. M7130 型平面磨床电气控制线路

机械加工中,当对零件的表面粗糙度要求较高时,就需要用磨床进行加工,磨床是用砂轮的周边或端面对工件的表面进行机械加工的一种精密机床。磨床的种类很多,根据用途不同可分为平面磨床、内圆磨床、外圆磨床、无心磨床等。

下面以 M7130 型平面磨床为例,分析磨床电气控制线路的构成、原理及其常见故障的维修方法。

图 7-10 所示为机械加工中应用极为广泛的 M7130 型平面磨床,其作用是用砂轮磨削加工各种零件的平面。它操作方便,磨削精度和光洁度都比较高,适于磨削精密零件和各种工具,并可作镜面磨削。

图 7-10 M7130 型平面磨床的外形与结构

1) M7130 型平面磨床的主要结构及型号涵义

M7130 型平面磨床是卧轴矩形工作台式,结构如图 7-10 所示,主要由床身、工作台、电磁吸盘、砂轮架(又称磨头)、滑座和立柱等部分组成。其型号涵义如图 7-11 所示。

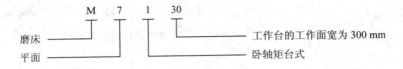

图 7-11　M7130 型平面磨床型号及其涵义

2) M7130 型平面磨床的主要运动形式和控制要求

M7130 型平面磨床的主要运动形式及控制要求见表 7-9。

表 7-9　M7130 型平面磨床的主要运动形式及控制要求

运动种类	运动形式	控制要求
主运动	砂轮的高速旋转	(1) 为保证磨削加工质量,要求砂轮有较高的转速,通常采用两极笼型异步电动机拖动。 (2) 为提高主轴的刚度,简化机械结构,采用装入式电动机,将砂轮直接装到电动机轴上。 (3) 砂轮电动机只要求单向旋转,可直接启动,无调速和制动要求
进给运动	工作台的往复运动 (纵向进给)	(1) 液压传动,因液压传动换向平稳,易于实现无级调速。液压泵电动机 M3 拖动液压泵,工作台在液压作用下作纵向运动。 (2) 由装在工作台前侧的换向挡铁碰撞床身上的液压换向开关控制工作台进给方向
	砂轮架的横向(前后)进给	(1) 在磨削过程中,工作台换向一次,砂轮架就横向进给一次。 (2) 在修正砂轮或调整砂轮的前后位置时,可连续横向移动。 (3) 砂轮架的横向进给运动可由液压传动,也可用手轮来操作
	砂轮架的升降运动 (垂直进给)	(1) 滑座沿立柱的导轨垂直上下移动,以调整砂轮架的上下位置,或使砂轮磨入工件,以控制磨削平面时工件的尺寸。 (2) 垂直进给运动是通过操作手轮由机械传动装置实现的

运动种类	运动形式	控 制 要 求
辅助运动	工件的夹紧	(1) 工件可以用螺钉和压板直接固定在工作台上。 (2) 在工作台上也可以装电磁吸盘，将工件吸附在电磁吸盘上。此时要有充磁和退磁控制环节。为保证安全，电磁吸盘与三台电动机 M1、M2、M3 之间有电气连锁装置，即电磁吸盘吸合后，电动机才能启动。电磁吸盘不工作或发生故障时，三台电动机均不能启动
	工作台的快速移动	工作台能在纵向、横向和垂直三个方向快速移动，由液压传动机构来实现
	工件的夹紧与放松	由人力操作
	工件冷却	冷却泵电动机 M2 拖动冷却泵旋转供给冷却液；要求砂轮电动机 M1 和冷却泵电动机 M2 实现顺序控制

3) M7130 型平面磨床电气控制线路分析

M7130 型平面磨床电路图如图 7-12 所示。该线路分为主电路、控制电路、电磁吸盘电路和照明电路四部分。

(1) 主电路分析。QS1 为电源开关。主电路中有三台电动机，M1 为砂轮电动机，M2 为冷却泵电动机，工作台 M3 为液压泵电动机，其控制和保护电器见表 7-10。

表 7-10　主电路的控制和保护电器

名称及代号	作　用	控制电器	过载保护电器	路保护电器
砂轮电动机 M1	拖动砂轮高速旋转	接触器 KM1	热继电器 KH1	熔断器 FU1
冷却泵电动机 M2	供应冷却液	接触器 KM1 和接插器 X	无	熔断器 FU1
液压泵电动机 M3	为液压系统提供动力	接触器 KM2	热继电器 KH2	熔断器 FU1

(2) 控制电路分析。控制电路采用交流 380 V 电压供电，由熔断器 FU2 作短路保护。

当转换开关 QS2 的常开触头(6 区)闭合，或电磁吸盘得电工作，欠电流继电器 KA 线圈得电吸合，其常开触头(8 区)闭合时，接通砂轮电动机 M1 和液压泵电动机 M3 的控制电路，砂轮电动机 M1 和液压泵电动机 M3 才能启动，进行磨削加工。

砂轮电动机 M1 和液压泵电动机 M3 都采用了接触器自锁正转控制线路，SB1、SB3 分别是它们的启动按钮，SB2、SB4 分别是它们的停止按钮。

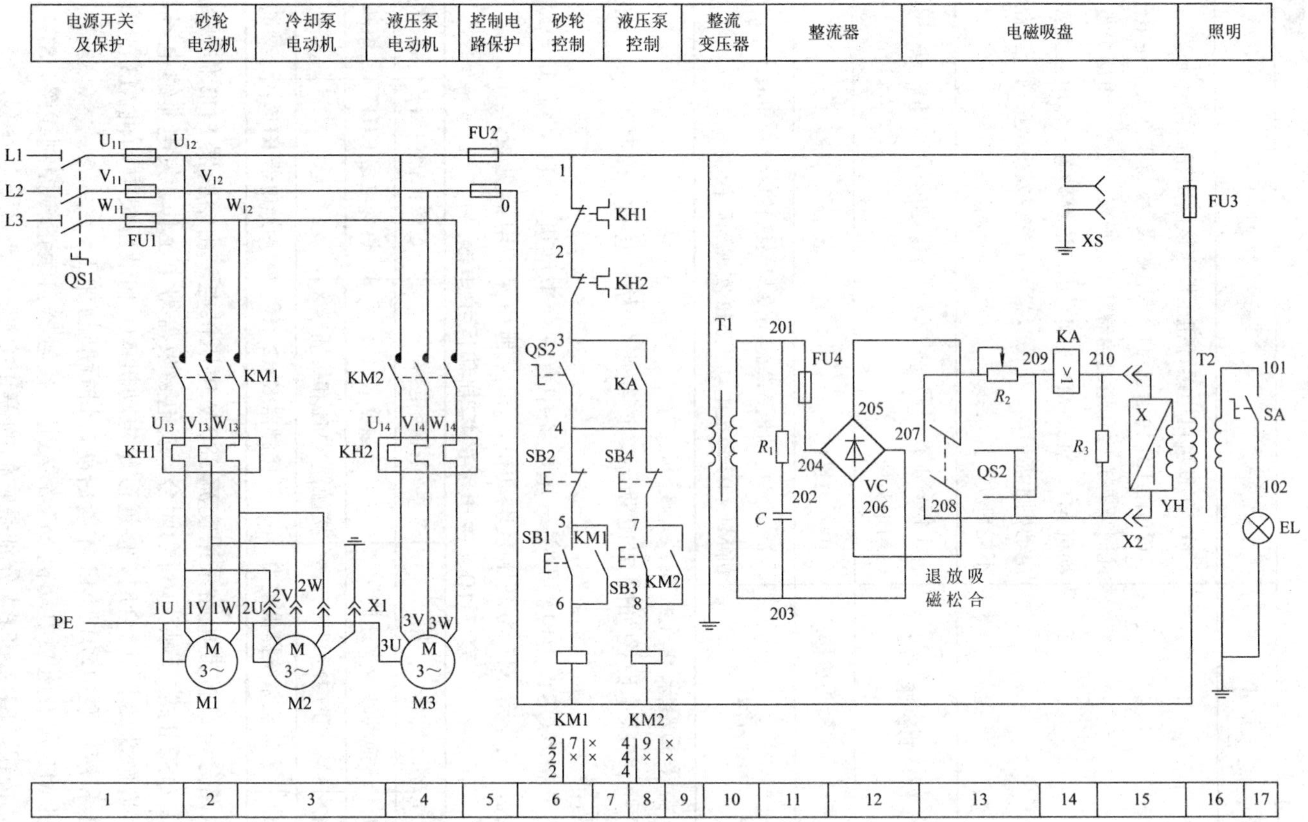

图 7-12 M7130 型平面磨床的电路图

(3) 电磁吸盘电路分析。电磁吸盘是用来固定加工工件的一种夹具。它与机械夹具比较，具有夹紧迅速、操作快速简便、不损伤工件、一次能吸牢多个小工件，以及磨削中工件发热可自由伸缩、不会变形等优点。不足之处是只能吸住铁磁材料的工件，不能吸牢非磁性材料(如铝、铜等)的工件。电磁吸盘 YH 如图 7-13 所示。

图 7-13　电磁吸盘 YH

电磁吸盘电路包括整流电路、控制电路和保护电路三部分。

整流变压器 T1 将 220 V 的交流电压降为 145 V，经桥式整流器 VC 整流后输出约 110 V 的直流工作电压。

转换开关 SQ2 是电磁吸盘 YH 的转换控制开关(又叫退磁开关)，有吸合、放松和退磁三个位置。当 QS2 扳至"吸合"位置时，触头(205—208)和(206—209)闭合，110 V 直流电压接入电磁吸盘 YH，工件被牢牢吸住。此时，欠电流继电器 KA 线圈得电吸合，KA 的常开触头闭合，接通砂轮和液压泵电动机的控制电路。待工件加工完毕，先把 QS2 扳到"放松"位置，切断电磁吸盘 YH 的直流电源。此时工件具有剩磁而不能取下，因此必须进行退磁。将 QS2 扳到"退磁"位置，触头(205—207)和(206—208)闭合，电磁吸盘 YH 通入较小的(因串入了退磁电阻 R_2)反向电流进行退磁。退磁结束，将 QS2 扳回到"放松"位置，即可将工件取下。如果有些工件不易退磁时，可将附件退磁器的插头插入插座 XS，使工件在交变磁场的作用下进行退磁。如果将工件夹在工作台上，而不需要电磁吸盘时，则应将电磁吸盘 YH 的插头 X2 从插座上拔下，同时将转换开关 QS2 扳到"退磁"位置，这时，接在控制电路中的 QS2 的常开触头(3—4)闭合，电动机的控制电路接通。

电磁吸盘的保护电路由放电电阻 R_3 和欠电流继电器 KA 组成。电磁吸盘的电感很大，当电磁吸盘从吸合状态转变为放松状态的瞬间，线圈两端将产生很大的自感电动势，易使线圈或其他电器由于过电压而损坏，因此需要用放电电阻 R_3 在电磁吸盘断电瞬间给线圈提供放电通路，吸收线圈释放的磁场能量。欠电流继电器 KA 用以防止电磁吸盘断电时工件脱出发生事故。电阻 R_1 与电容器 C 的作用是防止电磁吸盘回路交流侧的过电压，熔断器 FU4 为电磁吸盘提供短路保护。

(4) 照明电路分析。照明变压器 T2 将 380 V 的交流电压降为 36 V 的安全电压供给照明电路。EL 为照明灯，一端接地，由开关 SA 控制。熔断器 FU3 为照明电路提供短路保护。

4) M7130 型平面磨床常见电气故障分析与检修方法

M7130 型平面磨床主电路、控制电路和照明电路的故障及检修方法与车床相似。现将特殊故障作如下分析。

(1) 故障一：电磁吸盘无吸力。

若照明灯 EL 正常工作而电磁吸盘无吸力，检修步骤如图 7-14 所示。

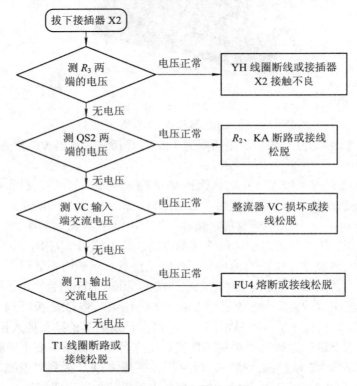

图 7-14 故障一检修步骤

(2) 故障二：电磁吸盘吸力不足。

引起这种故障的原因是电磁吸盘损坏或整流器输出电压不正常造成的。M7130 型平面磨床电磁吸盘的电源电压由整流器 VC 供给。空载时，整流器直流输出电压应为 130～140 V，负载时不应低于 110 V。若整流器空载输出电压正常，带负载时电压远低于 110 V，则表明电磁吸盘线圈已短路，一般需更换电磁吸盘线圈。

电磁吸盘电源电压不正常，大多是因为整流元件短路或断路造成的，应检查整流器 VC

的交流侧电压及直流侧电压。若交流侧电压正常，直流输出电压不正常，则表明整流器发生元件短路或断路故障，可用万用表测量整流器的输出及输入电压，判断出故障部位，查出故障元件，然后进行更换或修理即可。

实践证明，在直流输出回路中加装熔断器，可避免损坏整流二极管。

(3) 其他常见故障。

其他常见故障及处理方法见表 7-11。

表 7-11 其他常见故障及处理方法

故障现象	故障原因	处理方法
三台电动机均不能启动	欠电流继电器 KA 的常开触头和转换开关 QS2 的触头(3—4)接触不良、接线松脱或有油垢，使电动机的控制电路处于断电状态	分别检查欠电流继电器 KA 的常开触头和转换开关 QS2 的触头(3—4)的接触情况，若不通则应修理或更换
砂轮电动机的热继电器 KH1 经常动作	M1 前轴承铜瓦磨损后易发生堵转现象，使电流增大，导致热继电器动作	修理或更换轴瓦
	砂轮进刀量太大，电动机超负荷运行	选择合适的进刀量，防止电动机超载运行
	热继电器规格选得太小或整定电流过小	更换或重新整定热继电器
电磁吸盘退磁不好，使工件取下困难	退磁电路断路，根本没有退磁	检查转换开关 QS2 接触是否良好，退磁电阻 R_2 是否损坏
	退磁电压过高	应调整电阻 R_2，使退磁电压调至 5~10 V
	退磁时间太长或太短	根据不同材质掌握好退磁时间

5. 20 t/5 t 桥式起重机电气控制线路

图 7-15 所示为生产车间中常用的 20 t/5 t 桥式起重机，它是一种用来吊起或放下重物并使重物在短距离内水平移动的起重设备，俗称吊车、行车或天车。

起重设备按结构分，有桥式、塔式、门式、旋转式和缆索式等多种，不同结构的起重设备分别应用于不同的场合。生产车间内使用的是桥式起重机，常见的有 5 t、10 t 单钩和 15 t/3 t、20 t/5 t 双钩等，下面以 20 t/5 t 双钩桥式起重机为例来分析桥式起重机的电气控制线路。

1) 20 t/5 t 桥式起重机的主要结构和运动形式

桥式起重机的结构如图 7-15 所示，主要由主钩(20 t)、副钩(5 t)、大车和小车四部分组成。大车的轨道敷设在车间两侧的立柱上，大车可在轨道上沿车间纵向移动；大车上装有小车轨道，供小车横向移动；主钩和副钩都装在小车上，主钩用来提升重物，副钩除可提

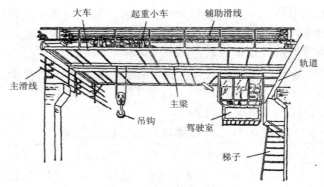

图 7-15 桥式起重机的结构图

升轻物外，还可以协同主钩完成工件的吊运，但不允许主、副钩同时提升两个物件。当主、副钩同时工作时，物件的重量不允许超过主钩的额定起重量。这样，桥式起重机可以在大车能够行走的整个车间范围内进行起重运输。

20 t/5 t 桥式起重机采用三相交流电源供电，由于起重机工作时经常移动，因此需采用可移动的电源供电。小型起重机常采用软电缆供电，软电缆可随大、小车的移动而伸展和叠卷。大型起重机一般采用滑触线和集电刷供电，三根主滑触线沿着平行于大车轨道的方向敷设在车间厂房的一侧。三相交流电源经由主滑触线和集电刷引入起重机驾驶室内的保护控制柜上，再从保护控制柜上引出两相电源至凸轮控制器，另一相称为电源公用相，直接从保护控制柜接到电动机的定子接线端。滑触线通常采用角钢、圆钢、V 形钢或工字钢等刚性导体制成。

2) 20 t/5 t 桥式起重机对电力拖动的要求

(1) 桥式起重机的工作环境较恶劣，经常需带负载启动，要求电动机的启动转矩大、启动电流小，且有一定的调速要求，因此多选用绕线转子异步电动机拖动，用转子绕组串电阻实现调速。

(2) 要有合理的升降速度，空载、轻载速度要快，重载速度要慢。

(3) 提升开始和重物下降到预定位置附近时，需要低速，因此在 30%额定速度内应分为几挡，以便灵活操作。

(4) 提升的第一挡作为预备级，用来消除传动的间隙和张紧钢丝绳，以避免过大的机械冲击，所以启动转矩不能太大。

(5) 为保证人身和设备安全，停车必须采用安全可靠的制动方式，因此采用电磁抱闸制动。

(6) 具有完备的保护环节：短路、过载、终端及零位保护。

3) 20 t/5 t 桥式起重机电气控制线路分析

(1) 20 t/5 t 桥式起重机的电路图和分合表如图 7-16 所示。

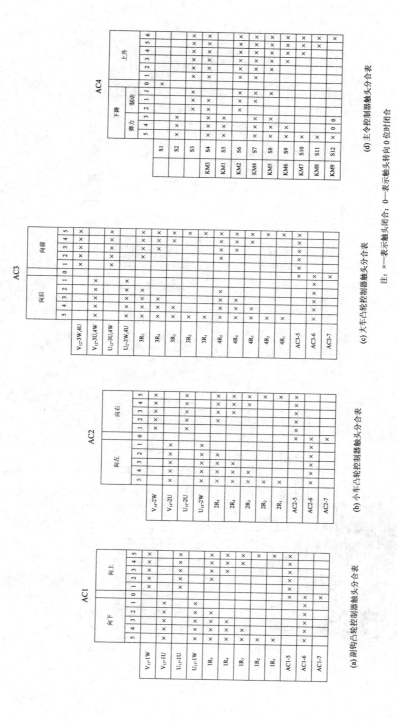

图 7-16　20 t/5 t 桥式起重机的分合表和电路图(1)

注：×—表示触头闭合；0—表示触头转向 0 位时闭合

(a) 副钩凸轮控制器触头分合表

(b) 小车凸轮控制器触头分合表

(c) 大车凸轮控制器触头分合表

(d) 主令控制器触头分合表

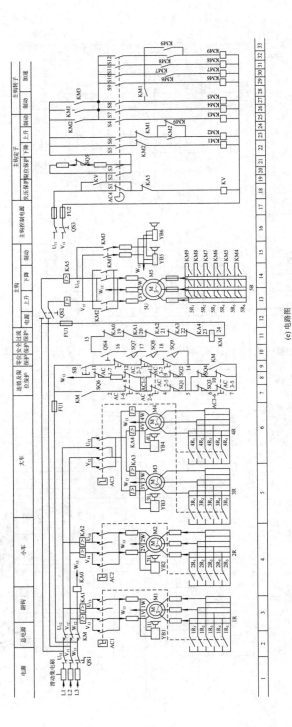

(e) 电路图

图 7-16 20 t/5 t 桥式起重机的分合表和电路图(2)

(2) 20 t/5 t 桥式起重机的电气设备及控制、保护装置。整个起重机的控制和保护由交流保护柜和交流磁力控制屏来实现。总电源由隔离开关 QS1 控制，过电流继电器 KA0 实现过流保护。KA0 的线圈串联在公用相中，其整定值不应超过全部电动机额定电流总和的 1.5 倍，而过流继电器 KA1～KA5 的整定值一般整定在被保护电动机额定电流的 2.25～ 2.5 倍。各控制电路由熔断器 FU1、FU2 实现短路保护。

为了保障维修人员的安全，在驾驶室舱门盖上装有安全开关 SQ7，在横梁两侧栏杆门上分别装有安全开关 SQ8、SQ9，在保护柜上还装有一只单刀单掷的紧急开关 QS4。上述各开关的常开触头与副钩、大车、小车的过电流继电器及总过电流继电器的常闭触头串联，这样，当驾驶室舱门或横梁栏杆门开启时，主接触器 KM 不能获电，起重机的所有电动机都不能启动运行，从而保证了人身安全。

起重机还设置了零位连锁保护，只有当所有的控制器的手柄都处于零位时，起重机才能启动运行，其目的是为了防止电动机在转子回路电阻被切除的情况下直接启动，产生很大的冲击电流造成事故。

电源总开关 QS1、熔断器 FU1 和 FU2、主接触器 KM、紧急开关 QS4 以及过电流继电器 KA0～KA5 都安装在保护柜上，保护柜、凸轮控制器及主令控制器均安装在驾驶室内，以便于司机操作，电动机转子的串联电阻及磁力控制屏则安装在大车桥架上。

20 t/5 t 桥式起重机中共有 5 台绕线转子电动机，其控制和保护电器见表 7-12。

表 7-12 桥式起重机的控制和保护电器

名称及代号	控制电器	过流和过载保护电器	终端限位保护电器	电磁抱闸制动器
大车电动机 M3、M4	凸轮控制器 AC3	KA3、KA4	SQ3、SQ4	YB3、YB4
小车电动机 M2	凸轮控制器 AC2	KA2	SQ1、SQ2	YB2
副钩升降电动机 M1	凸轮控制器 AC1	KA1	SQ6(提升限位)	YB1
主钩升降电动机 M5	主令控制器 AC4	KA5	SQ5(提升限位)	YB5、YB6

由于桥式起重机在工作过程中小车要在大车上横向移动，为了方便供电及各电气设备之间的连接，在桥架的一侧装设了 21 根辅助滑触线，它们的作用分别是：

用于主钩部分 10 根。其中，3 根(13、14 区)连接主钩电动机 M5 的定子绕组(5U、5V、5W)接线端；3 根(13、14 区)连接转子绕组与转子附加电阻 5 R；2 根(15、16 区)用于主钩电磁抱闸制动器 YB5、YB6 与交流磁力控制屏的连接；另外 2 根(21 区)用于主钩上升行程开关 SQ5 与交流磁力控制屏及主令控制器 AC4 的连接。

用于副钩部分 6 根。其中，3 根(3 区)连接副钩电动机 M1 的转子绕组与转子附加电阻 1R；2 根(3 区)连接定子绕组(1U、1W)接线端与凸轮控制器 AC1；另 1 根(8 区)将副钩上升行程开关 SQ6 接到交流保护柜上。

用于小车部分 5 根。其中，3 根(4 区)连接小车电动机 M2 的转子绕组与附加电阻 2R；2 根(4 区)连接 M2 定子绕组(2U、2W)接线端与凸轮控制器 AC2。起重机的导轨及金属桥架应可靠接地。

(3) 主接触器 KM 的控制：

准备阶段：在起重机投入运行前，应将所有凸轮控制器手柄置于零位，使零位连锁触头 AC1-7、AC2-7、AC3-7(均在 9 区)闭合；合上紧急开关 QS4(10 区)，关好舱门和横梁栏杆门，使行程开关 SQ7、SQ8、SQ9 的常开触头也处于闭合状态。

启动运行阶段：合上电源开关 QS1，按下启动按钮 SB，主接触器 KM 得电吸合，KM 主触头闭合，使两相电源(U12、V12)引入各凸轮控制器。同时，KM 的两副辅助常开触头(7 区和 9 区)闭合自锁，主接触器 KM 的线圈经 1—2—3—4—5—6—7—14—18—17—16—15—19—20—21—22—23—24 至 FU1 形成通路获电。

(4) 凸轮控制器的控制：20 t/5 t 桥式起重机的大车、小车和副钩电动机的容量都较小，一般采用凸轮控制器控制。

由于大车被两台电动机 M3 和 M4 同时拖动，所以大车凸轮控制器 AC3 比 AC1、AC2 多了 5 对常开触头，以供切除电动机 M4 的转子电阻 4R1～4R5 使用。大车、小车和副钩的控制过程基本相同，下面以副钩为例，说明控制过程。

副钩凸轮控制器 AC1 的手轮共有 11 个位置，中间位置是零位，左、右两边各有 5 个位置，用来控制电动机 M1 在不同转速下的正、反转，即用来控制副钩的升降。

在主接触器 KM 得电吸合、总电源接通的情况下，转动凸轮控制器 AC1 的手轮至向上位置任一挡时，AC1 的主触头 V13—1W 和 U13—1U 闭合，电动机接通三相电源正转，副钩上升。反之将手轮扳至向下位置的任一挡时，AC1 的主触头 V13—1U 和 U13—1W 闭合，M1 反转，带动副钩下降。当将 AC1 的手柄扳到"1"挡时，AC1 的 5 对辅助常开触头 1R1～1R5 均断开，副钩电动机 M1 的转子回路串入全部电阻启动，M1 以最低转速带动副钩运动。依次扳到"2～5"挡时，5 对辅助常开触头 1R5～1R1 逐个闭合，依次短接电阻 1R5～1R1，电动机 M1 的电阻转速逐步升高，直至达到预定转速。

当断电或将手轮转至"0"位时，电动机 M1 断电，同时电磁抱闸制动器 YB1 也断电，M1 被迅速制动停转。当副钩带有重负载时，考虑到负载的重力作用，在下降负载时，应先把手轮逐级扳到"下降"的最后一挡，然后根据速度要求逐级退回升速，以免引起下降过快造成事故。

(5) 主令控制器的控制：主钩电动机的容量较大，一般采用主令控制器配合磁力控制屏进行控制，即用主令控制器控制接触器，再由接触器控制电动机。为提高主钩运行的稳定性，在切除转子附加电阻时，采用三相平衡切除，使三相转子电流平衡。

主钩上升与副钩上升的工作过程基本相似，区别仅在于它是通过接触器控制的。

主钩下降时与副钩的工作过程有明显的差异，主钩下降有 6 挡位置，"J"挡、"1"挡、"2"挡为制动下降位置，用于重负载低速下降，电动机处于倒拉反接制动运行状态；"3"挡、"4"挡、"5"挡为强力下降位置，主要用于轻负载快速下降。

先合上电源开关 QS1(1 区)、QS2(12 区)和 QS3(16 区)，接通主电路和控制电路电源，将主令控制器 AC4 的手柄置于零位，其触头 S1(18 区)闭合，电压继电器 KV 得电吸合，其常开触头(19 区)闭合，为主钩电动机 M5 启动作好准备。手柄处于各挡时的工作情况见表 7-13。

表 7-13　主钩电动机的工作情况

AC4 手柄位置	AC4 闭合触头	得电动作的接触器	主钩的工作状态
制动下降位置"J"挡	S3、S6、S7、S8	KM2、KM4、KM5	电动机 M5 接正序电压产生提升方向的电磁转矩，但由于 YB5、YB6 线圈未得电而仍处于制动状态，在制动器和载重的重力作用下，M5 不能启动旋转。此时，M5 转子电路接入四段电阻，为启动作好准备
制动下降位置"1"挡	S3、S4、S6、S7	KM2、KM3、KM4	电动机 M5 仍接正序电压，但由于 KM3 得电动作，YB5、YB6 得电松开，M5 能自由旋转；由于 KM5 断电释放，转子回路接入五段电阻，M5 产生的提升转矩减小，此时若重物产生的负载倒拉力矩大于 M5 的电磁转矩，M5 运转在倒拉反接制动状态，低速下放重物。反之，重物反而被提升，此时必须将 AC4 的手柄迅速扳到下一挡
制动下降位置"2"挡	S3、S4、S6	KM2、KM3	电动机 M5 仍接正序电压，但 S7 断开，KM4 断电释放，附加电阻全部串入转子回路，M5 产生的电磁转矩减小，重负载的下降速度比"1"挡时加快

6．Z37 型摇臂钻床电气控制线路

机械加工过程中经常需要加工各种各样的孔，钻床就是一种用途广泛的孔加工机床，它主要用于钻削精度要求不太高的孔，还可以用来扩孔、铰孔、镗钻以及攻螺纹等。

钻床的结构形式很多，有立式钻床、卧式钻床、台式钻床、深孔钻床等，图 7-17 所示是几种常见的钻床。摇臂钻床是一种立式钻床，下面以 Z37 型摇臂钻床为例分析钻床的电气控制线路。

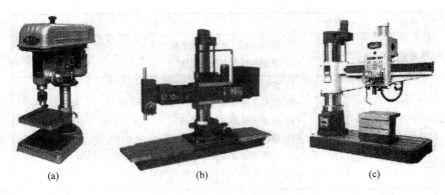

(a)   (b)   (c)

图 7-17　几种常见的钻床

1) Z37 型摇臂钻床的主要结构和运动形式

Z37 型摇臂钻床的外形如图 7-18 所示。它主要由底座、内立柱、外立柱、摇臂、主轴箱、工作台等部分组成。内立柱固定在底座上，它外面套着空心的外立柱，外立柱可绕着不动的内立柱回转 360°。摇臂一端的套筒部分与外立柱滑动配合，摇臂可沿外立柱上下移动，但不能绕外立柱转动，只能与外立柱一起相对内立柱回转。

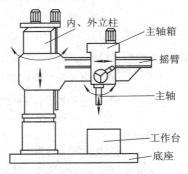

图 7-18　摇臂钻床的结构图

主轴箱安装于摇臂的水平导轨上，可由手轮操纵沿摇臂作径向移动。当需要钻削加工时，先将主轴箱固定在摇臂导轨上，摇臂固定在外立柱上，外立柱紧固在内立柱上。工件不大时可压紧在工作台上加工，较大工件需安装在夹具上加工，通过调整摇臂高度、回转及主轴箱位置，完成钻头的调准，转动手轮操控钻头进行钻削。

摇臂钻床的主运动是主轴带动钻头的旋转运动；进给运动是钻头的上下运动；辅助运动是主轴箱沿摇臂水平移动、摇臂沿外立柱上下移动以及摇臂连同外立柱一起相对于内立柱的回转运动。

2) Z37 型摇臂钻床电力拖动的特点及控制要求

(1) Z37 型摇臂钻床相对运动部件较多，为简化传动装置，采用多台电动机拖动。

(2) 各种工作状态都通过十字开关 SA 操作，为防止十字开关手柄停在某一工作位置时，因接通电源而产生误动作，本控制线路设有零压保护环节。

(3) 摇臂升降要求有限位保护。

(4) 钻削加工时需要对刀具及工件进行冷却。各电动机功能及控制要求见表 7-14。

表 7-14　钻床电动机功能及控制要求

电动机名称及代号	作　　用	控制要求
冷却泵电动机 M1	供给冷却液	正转控制，拖动冷却泵输送冷却液
主轴电动机 M2	拖动钻削及进给运动	单向运转，主轴的正、反转通过摩擦离合器实现
摇臂升降电动机 M3	拖动摇臂升降	正、反转控制，通过机械和电气联合控制
立柱松紧电动机 M4	拖动内、外立柱及主轴箱与摇臂夹紧与放松	正、反转控制，通过液压装置和电气联合控制

3) Z37 型摇臂钻床电气控制线路

(1) Z37 型摇臂钻床的型号及其涵义如图 7-19 所示。

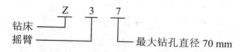

图 7-19　Z37 型摇臂钻床的型号及其涵义

(2) Z37 型摇臂钻床电气控制线路。Z37 型摇臂钻床电路图如图 7-20 所示。

主电路分析 Z37 型摇臂钻床电气控制线路中共有 4 台三相异步电动机，它们的控制和保护电器见表 7-15。

表 7-15　Z37 型摇臂钻床的电动机

电动机的名称及代号	控制电器	过载保护电器	短路保护电器
冷却泵电动机 M1	组合开关 QS2	无	熔断器 FU1
主轴电动机 M2	接触器 KM1	热继电器 KH	
摇臂升降电动机 M3	接触器 KM2、KM3	无	熔断器 FU2
立柱松紧电动机 M4	接触器 KM4、KM5	无	熔断器 FU3

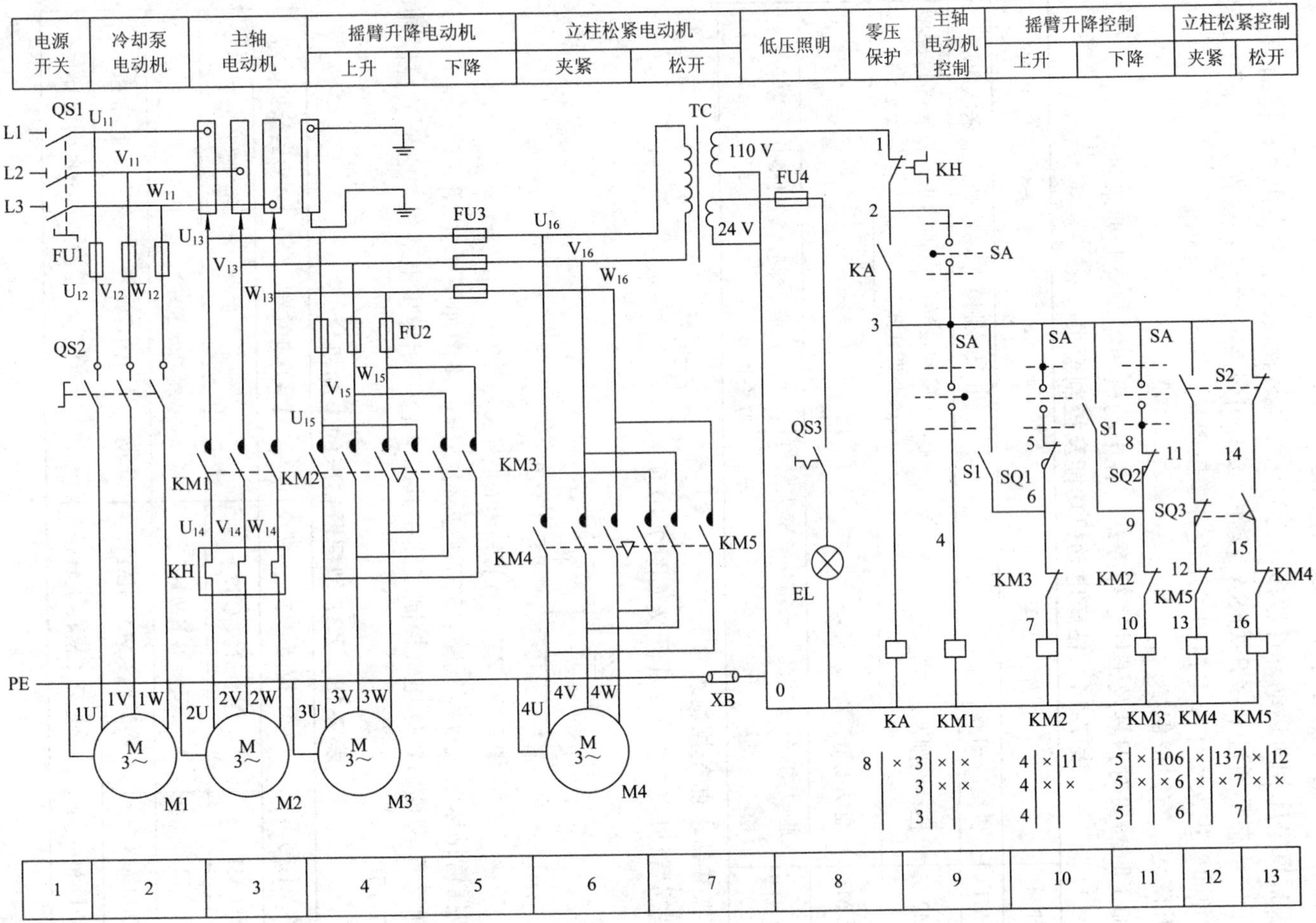

图 7-20　Z37 型摇臂钻床电路图

(2) 控制电路分析控制电路的电源由控制变压器 TC 提供 110 V 电压。Z37 型摇臂钻床控制电路采用十字开关 SA 操作，它由十字手柄和 4 个微动开关组成，手柄处在各个工作位置时的工作情况见表 7-16。电路中还设有零压保护环节，由十字开关 SA 和中间继电器 KA 来实现。

表 7-16　Z37 型摇臂钻床的手柄工作情况表

手柄位置	接通微动开关的触头	工作情况
中	均不通	控制电路断电不工作
左	SA(2—3)	KA 得电自锁，零压保护
右	SA(3—4)	KM1 获电，主轴旋转
上	SA(3—5)	KM2 获电，摇臂上升
下	SA(3—8)	KM3 获电，摇臂下降

4）Z37 型摇臂钻床电气控制线路分析

(1) 主轴电动机 M2 的控制。主轴电动机 M2 的启停由接触器 KM1 和十字开关 SA 来控制。控制流程图如图 7-21 所示。

图 7-21　Z37 型摇臂钻床 M2 的控制流程图

(2) 摇臂升降控制。摇臂的放松、升降、夹紧是通过十字开关 SA、接触器 KM2、KM3、行程开关 SQ1 和 SQ2 及鼓形组合开关 S1 控制电动机 M3 正、反转来实现的。

当工件与钻头的相对高度不合适时，可将摇臂升高或降低来调整。摇臂上升控制的流程图如图 7-22 所示。

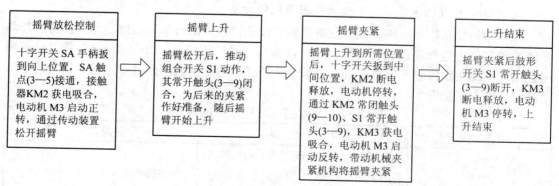

图 7-22　Z37 型摇臂钻床摇臂上升控制流程图

可见，摇臂的上升是由机械和电气联合控制实现的，能够自动完成摇臂松开→摇臂上升→摇臂夹紧的过程。行程开关 SQ1 和 SQ2 用作限位保护，保护摇臂上升或下降不致超出允许的极限位置。

(3) 立柱的夹紧与松开控制。Z37 型摇臂钻床在正常工作时，外立柱夹紧在内立柱上。要使摇臂和外立柱绕内立柱转动，应首先将外立柱放松。立柱的松开和夹紧是靠电动机 M4 的正、反转拖动液压装置来完成的。电动机 M4 的正、反转由组合开关 S2、行程开关 SQ3、接触器 KM4 和 KM5 来控制，行程开关 SQ3 则是由主轴箱与摇臂夹紧的机械手柄来操作的。控制过程如图 7-23 所示。

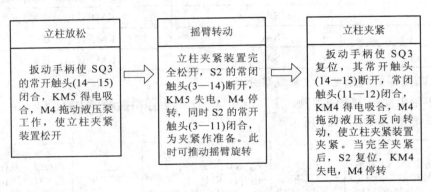

图 7-23　Z37 型摇臂钻床立柱的夹紧与松开控制流程图

Z37 型摇臂钻床主轴箱在摇臂上的松开和夹紧与立柱的松开和夹紧是由同一台电动机 M4 拖动液压装置完成的。

(4) 照明电路分析。照明电路的电源是由变压器 TC 将 380 V 的交流电压降为 24 V 安全电压来提供的。照明灯 EL 由开关 QS3 控制，由熔断器 FU4 作短路保护。

5) Z37 型摇臂钻床常见电气故障分析与检修方法

Z37 型摇臂钻床主电路和控制电路常见故障的检修方法与车床相似。因其摇臂的升降和松紧控制是由电气和机械机构相互配合，实现摇臂的放松→上升(下降)→夹紧半自动顺序控制，因此在维修时不但要检查电气部分，还必须检查机械部分是否正常。常见的电气故障及处理方法见表 7-17。

表 7-17　摇臂钻床常见故障的分析

故障现象	故障原因	处理方法
摇臂上升(下降)夹紧后，M3 仍正、反转重复不停	鼓形组合开关 S1 两对常开触头的动、静触头间距离太近，使它们不能及时分断所引起	调整鼓形组合开关 S1

故障现象	故障原因	处理方法
摇臂上升(下降)后不能完全夹紧	鼓形组合开关 S1 动触头的夹紧螺栓松动造成动触头位置偏移，不能按要求闭合；S1 动、静触头弯曲、磨损、接触不良等	修理、调整鼓形组合开关 S1
摇臂升降后不能按要求停车	鼓形组合开关 S1 的常开触头(3—6)和(3—9)的顺序颠倒	立即切断电源，使摇臂停止运动，检查鼓形组合开关 S1 的常开触头(3—6)和(3—9)的顺序

【技能训练】

1. 技能训练器材

技能训练所需设备、工具、材料见表 7-18。

表 7-18　项目所需设备、工具、材料

名　称	型号或规格	数　量	名　称	型号或规格	数　量
电气控制图		1 张	常用电工工具		1 套
电气控制设备		1 个	万用表		1 个

2. 技能训练步骤及要求

(1) 电阻测量法，必须在断电情况下进行。

(2) 在排除故障时，通常以接触器、继电器的得电与否来判断故障在主电路还是在控制电路。几个进给动作同时不工作，排除故障就找公共电路部分；其他几个进给动作，只有一个进给不动作，排除故障就找该支路部分。

(3) 电路中的各操作手柄位置也很重要。

(4) 通过模拟故障排除，培养大家的分析能力和判断能力。

(5) 根据本任务所介绍的方法进行机床电路故障判断与分析。

整理实训操作结果，按标准写出实训报告。

【技能考核评价】

技能考核标准见表 7-19 和表 7-20。

表 7-19 实训考核标准 1

考核项目	考核内容	分值	考核要求及评分标准	得分
电路图的识别	识别机床电路图	15 分	能识别电气控制原理图	
电路实物的线路识别	理清机床的控制线路	25 分	能够识别电气控制实物线路，并能进行操作	
电气故障判断	能够进行电气故障判断	30 分	根据正确的电气图进行操作，然后发现故障，再对故障现象进行分析与检测	
实训报告	按照报告要求完成并正确	10 分	教师掌握	
安全文明意识	正确使用设备和工具，无操作不当引起的事故	10 分	教师掌握	
团结协作精神	小组成员分工协作、积极参与	10 分	教师掌握	
实际总得分		教师签字		

表 7-20 实训考核标准 2

考核内容	分值	评分标准	扣分	得分
故障分析	30 分	排除故障前不进行调查研究，扣 5 分 检修思路不正确，扣 5 分 标不出故障点、线或标错位置，每个故障点扣 10 分		
检修故障	60 分	切断电源后不验电，扣 5 分 使用仪表和工具不正确，每次扣 5 分 检查故障的方法不正确，扣 10 分 查出故障不会排除，每个故障扣 20 分 检修中扩大故障范围，扣 10 分 少查出故障，每个扣 20 分 损坏电器元件，扣 30 分 检修后试车操作不正确，每次扣 5 分		
安全、文明生产	10 分	防护用品穿戴不齐全，扣 5 分 检修结束后未恢复原状，扣 5 分 检修中丢失零件，扣 5 分 出现短路或触电，扣 10 分		
工时		1 h，检查故障不允许超时，修复故障允许超时，每超时 5 min 扣 5 分，最多可延长 20 min		
合计	100 分			
备注		每项扣分最高不超过该项配分		

习　题

1．简答题

(1) 机床电路有哪些检查方法？

(2) 在检查机床电路时要注意哪些事项？

(3) 试分析 CA6140 车床的控制电路的工作过程。

(4) 试分析 CA6140 车床的控制电路发生下列情况时的故障原因。

① 主轴电动机启动后，松开启动按钮，电动机停止运转。

② 快移电动机不能启动。

(5) X62W 万能铣床控制电路中，若发生下列故障，试分析产生故障原因。

① 主轴电动机不能启动。

② 主轴停车时，正、反方向都没有制动作用。

③ 进给运动中能上、下、左、右、前运动，但不能向后运动。

(6) X62W 型万能铣床控制电路有哪 4 种连锁保护作用？

(7) M7130 平面磨床采用电磁吸盘夹持工件有何优点？为什么电磁吸盘要用直流电而不用交流电？

(8) M7130 型平面磨床控制电路中电阻器 R_1、R_2、R_3 的作用分别是什么？

(9) M7130 型平面磨床的电磁吸盘没有吸力或吸力不足，试分析可能的原因。

(10) 桥式起重机的结构主要由哪几部分组成？桥式起重机有哪几种运动方式？

(11) 桥式起重机电力拖动系统由哪几台电动机组成？

(12) 起重电动机的运行工作有什么特点？对起重电动机的拖动和控制有什么要求？

(13) 起重机电路采用的过流保护电器是什么？

(14) 用短接法检查机床故障时的注意事项有哪些？

2．拓展训练题

(1) 找一个有故障的互锁控制电路进行故障分析与排除。

(2) 有条件找一台有故障的 CA6140 型车床，对其控制电路进行检查并维修。

(3) 找一台 X62W 型万能铣床，熟悉其结构，并对其控制电路进行测试、检查。

参 考 文 献

[1] 赵承荻. 电机与电气控制技术[M]. 北京：高等教育出版社，2007.

[2] 徐君贤. 电工技术实训[M]. 北京：机械工业出版社，2002.

[3] 付植桐. 电工技术实训教程[M]. 北京：高等教育出版社，2004.

[4] 山颖. 图样的识读与绘制[M]. 北京：高等教育出版社，2009.

[5] 刘光源. 简明维修电工实用手册[M]. 北京：机械工业出版社，2004.

[6] 劳动和社会保障部编写组. 维修电工[M]. 北京：中国劳动社会保障出版社，2003.

[7] 刘光源. 机床电气设备的维修[M]. 北京：机械工业出版社，2007.

[8] 陈学平. 维修电工技能与实训[M]. 北京：北京大学出版社，2010.

[9] 职业技能鉴定教材编审委员会. 维修电工[M]. 北京：中国劳动出版社，2002.

[10] 刘玉敏. 机床电气线路原理及故障处理[M]. 北京：机械工业出版社，2005.

[11] 李建国. 电工常用电气线路[M]. 北京：化学工业出版社，2007.

[12] 郑凤翼. 怎样看电气控制电路图[M]. 2版. 北京：人民邮电出版社，2008.

[13] 王广仁. 机床电气维修技术[M]. 北京：中国电力出版社，2006.

[14] 刘法治. 维修电工实训技术[M]. 北京：清华大学出版社，2006.

[15] 邱利军，于日浩. 电工操作入门[M]. 北京：化学工业出版社，2008.

[16] 机械工程学会. 机床电器设备维修问答[M]. 北京：机械工业出版社，2005.

[17] 甄贵章. 机电控制技术[M]. 北京：中国农业出版社，2004.

[18] 马凤婷. 维修电工[M]. 北京：化学工业出版社，2008.

[19] 高静，王昭同. 电机拖动技术[M]. 北京：北京邮电大学出版社，2010.

[20] 王昭同. 电工技能与实训[M]. 西安：西安电子科技大学出版社，2012.